AF463764

THÉORIE
DES MACHINES
MUES PAR LA FORCE
DE LA VAPEUR DE L'EAU.

THÉORIE
DES MACHINES
MUES PAR LA FORCE
DE LA VAPEUR DE L'EAU.

Ouvrage qui a remporté le Prix proposé par l'Académie Impériale des Sciences de Saint-Pétersbourg pour l'année 1783;

PAR M. *DE MAILLARD*,

Capitaine-Lieutenant au Corps Impérial & Royal du Génie.

À VIENNE & à STRASBOURG,
Chez les Frères GAY, Imprimeurs-Libraires.

À PARIS,

Chez L. CELLOT, CH. A. JOMBERT, ALEX. JOMBERT, Libraires, rue Dauphine.

M. DCC. LXXXIV.

a paris chés [illegible] libraire rue st Jaque vis [illegible]

PRÉFACE.

LORSQUE que j'envoyai ce Mémoire à l'Académie, je n'y joignis aucune description de la Machine à feu, parce qu'elle n'en avoit point demandé; en outre, sachant que l'Académie étoit pourvue d'une Bibliothèque, qu'ainsi Messieurs les Commissaires nommés pour l'examen des Mémoires envoyés au concours auroient certainement sous la main l'Architecture hydraulique de Belidor, où sont toutes les Figures nécessaires à l'intelligence de la Machine à feu de Savery que j'avois choisie pour y appliquer cette théorie, je me dispensai d'envoyer aucune des figures auxquelles mes raisonnemens pouvoient se rapporter; je me contentai de les indiquer & de me servir des mêmes lettres que Belidor, n'ayant mis dans mon Mémoire que les trois figures 7, 8 & 9 de la Planche première.

Mais m'étant résolu de le faire imprimer,

pour satisfaire aux demandes de ceux qui s'intéressent au succès de ces Machines, j'ai cru indispensable de faire précéder cette Théorie d'une description complette de la Machine à feu ci-dessus, & d'y ajouter tous les plans nécessaires & à cette description & à la Théorie de cette machine, tant afin de mettre ceux qui ne la connoissent point au fait de son méchanisme primitif, que pour épargner à ceux qui n'ont pas Bélidor la peine de se le procurer. Comme les personnes trop peu versées dans les mathématiques pour saisir l'étendue des principes que nous établissons, pourroient croire que, n'ayant décrit que la Machine de Savery, ces principes ne peuvent se rapporter qu'à cette seule machine; pour les détromper & mettre la généralité de ces principes dans tout son jour, nous finissons par en donner une application aux machines à feu modernes.

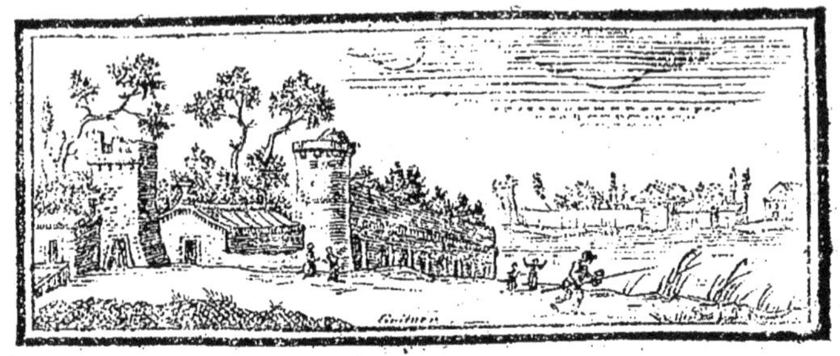

THÉORIE DES MACHINES

MUES PAR LA FORCE DE LA VAPEUR DE L'EAU.

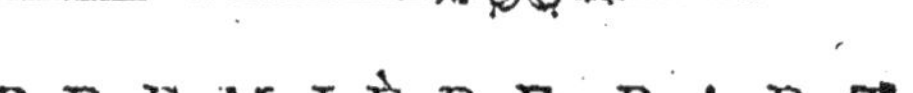

PREMIÈRE PARTIE.

Description de la Machine à Feu.

SEMBLABLE à l'animal en qui le premier mouvement que lui a imprimé l'Auteur de la Nature se conserve à l'aide d'une chaleur constante, & dont le cœur aspirant & refoulant alternativement le sang, entretient la circulation & la vie dans toutes les parties de l'individu, la Machine à feu, dès que le conducteur l'a mise en action, continue, à l'aide du feu, ses mouvemens sans interruption; par le jeu de son piston, répare ses pertes & entretient dans toutes ses parties une circulation qui la met en état d'opérer ses effets, sans aucun secours étranger; & cela par des moyens si simples & si ingénieux, que tout homme est saisi d'admiration à l'aspect de cette production de l'industrie humaine.

Le jeu de cette machine est produit par l'action alternative de la vapeur de l'eau & de la pression de l'atmosphère.

Il paroît qu'un de ceux à qui l'on en doit la première idée (1) est Papin, Médecin François,

---

(1) Desaguilliers rapporte qu'à la fin du régne de Charles II, le Marquis de Worcester fit paroître un livre intitulé *Centuries d'inventions* (imprimé à Londres en 1663); il les donnoit comme en ayant déja mis quelques-unes en exécution, & il proposoit les autres comme praticables & utiles. Plusieurs n'étoient que des projets, & il s'étoit mépris en quelques endroits; mais l'un de ces projets est celui d'élever l'eau par le feu, en changeant l'eau en vapeurs, pour, avec celles-ci, presser des quantités d'eau froide. Voici les paroles du Marquis, N° 68.

» Une manière admirable & la plus propre pour élever
» l'eau par le feu, n'est pas de l'attirer vers le haut,
» comme le soleil attire l'eau en l'air après l'avoir ré-
» duite en vapeurs; parce que cela ne peut être que
» *intra sphæram activitatis*, c'est-à-dire à une distance
» fixe. Celle que je propose n'a point de bornes si les

Professeur de Physique expérimentale à Marbourg, & Membre de la Société Royale de Londres : car outre que par la fameuse expérience de sa marmite, il a fait connoître la force de la vapeur, il propose, dans un petit ouvrage imprimé en 1695, la construction d'une nouvelle Pompe dont les pistons seront mis en mouvement par la vapeur de l'eau bouillante.

C'étoit déjà beaucoup que de proposer cette

» vaisseaux sont assez forts ; car j'ai pris une pièce d'un
» canon entier dont le bout avoit éclaté, j'en ai rempli
» les trois quarts d'eau, fermant à vis le bout rompu
» aussi bien que la lumière. J'ai fait sous ce canon un
» feu constant, dans 24 heures il éclata avec grand
» bruit : ayant ensuite trouvé le moyen de faire mes
» vaisseaux suffisamment forts, & de les remplir l'un
» après l'autre, j'en ai vu l'eau jaillir sans interruption
» à quarante pieds de hauteur, & un vaisseau d'eau ra-
» réfiée par le feu en tira 40 d'eau froide. Lorsqu'on veut
» réussir dans cette opération, il faut tourner deux ro-
» binets, afin qu'un vaisseau d'eau étant consommé,
» l'autre commence à forcer & se remplir d'eau froide,
» & ainsi successivement, le feu étant poussé & entre-
» tenu constamment ; la même personne peut aisément
» l'entretenir dans le tems où elle n'est pas occupée à
» tourner les robinets. »

Si en imprimant ce livre on ne l'a pas antidaté, il est évident que le Marquis de Worcester a eu en Angleterre la même idée que Papin a eu 30 ans après en Allemagne.

cette gasconade du marquis est visiblement calquée sur la marmite de papin.

idée ; mais il falloit la réaliser & la mettre en pratique d'une manière simple & commode.

Les Anglois sont les premiers qui y soient parvenus, & qui, au commencement de ce siècle, aient construit des machines à feu, à peu près telles qu'on les employe aujourd'hui. Il y en a quelques-unes en Allemagne & en Italie, plusieurs en France, aux Pays-Bas, en Hollande, en Irlande, en Ecosse, & beaucoup en Angleterre, où on en compte plus de quatre-vingt. Toutes ces machines se ressemblent quant au fond, elles peuvent avoir quelques différences dans les pièces accessoires & dans la disposition des principales.

Ne pouvant ici présenter cette machine sous toutes les formes qu'on peut lui donner, on
1699 ne décrira que celle du Capitaine Savery, perfectionnée par Neucomen, qui est très-simple, & celle qui a servi de base à toutes les variations qu'elle a éprouvées ; mais avant de procéder à cette description, on croit nécessaire de faire précéder quelques connoissances préliminaires qui en faciliteront l'intelligence.

Le Docteur Desaguilliers a, par un grand nombre d'expériences, reconnu que dans l'état où elle peut faire équilibre à la pression de l'atmosphère, la vapeur de l'eau est environ 14000 fois plus rare que l'eau ordinaire, & 16

faux. c'est papin lui même en 1698, à Cassel. V. les Lettres de Leibnitz, du 29 juillet 1698.

ou 17 fois plus rare que l'air (2). L'expérience ſuivante, connue de tous les Phyſiciens, ſuffit pour montrer en gros l'extrême dilatabilité du fluide en queſtion.

Qu'on prenne un mince tuyau de Thermomètre ouvert par un bout & garni d'une boule à l'autre ; qu'on y introduiſe une goutte d'eau dont le diamètre ſoit à celui de la boule comme 1 eſt à 25 ; enſuite, après avoir vivement échauffé la boule, en la tournant ſur des charbons ardens, qu'on plonge le bout du tube dans de l'eau froide, on verra cette eau monter dans la boule & en remplir preſqu'entièrement la capacité.

La raiſon de ce phénomène eſt, qu'en échauffant d'abord la boule, la goutte d'eau ſe réduit en vapeur & chaſſe l'air intérieur; qu'enſuite l'immerſion du tube dans l'eau froide condenſant la vapeur, fait dans cette boule un vuide dans lequel la preſſion de l'atmoſphère force l'eau froide de monter.

L'eſpace que cette eau occupe alors eſt à très-peu de choſe près la meſure de celui qu'occupoit la vapeur. On dit *à peu de choſe près*, parce qu'il peut reſter un peu d'air dans l'inſtrument.

---

(2) Voyez ſon Cours de Phyſique expérimentale, tome 2, leçon 12e.

Si suppofée infinie par rapport à celle qui eſt dans le tube, l'eau qui eſt montée dans la boule en occupoit toute la capacité, le volume de la goutte réduite en vapeur feroit à ſon volume primitif comme 15625 — 1, ou 15624 eſt à 1; car deux ſphères étant entr'elles comme les cubes de leurs diamètres, de l'eſpace occupé par la vapeur, il faut retrancher celui occupé par la goutte dans ſon état primitif, pour avoir le rapport des deux volumes dont on vient de parler.

Pl. I, Fig. 1. De ceci il ſuit que, ſi au deſſus d'un cylindre creux A B D C, garni d'un piſton mobile P, on fait bouillir de l'eau dans une chaudière V I Y T, ouverte en *m n*, la vapeur de cette eau, paſſant par l'ouverture *m n*, forcera le piſton de monter malgré ſon poids & la preſſion de l'atmoſphère qui agit ſur lui; que ſi, lorſque ce piſton eſt arrivé au point le plus haut où l'on veut qu'il monte, l'on condenſe la vapeur en la refroidiſſant par une injection d'eau froide introduite dans le cylindre au moyen d'un robinet R ou autrement, il ſe fera, dans l'eſpace que la vapeur occupoit, un vuide au moyen duquel la preſſion de l'atmoſphère qui agit ſur la ſurface ſupérieure du piſton avec toute la force de la colonne d'air, qui a pour hauteur celle de tout l'atmoſphère & pour baſe cette ſurface du piſton, forcera celui-ci à deſcendre.

Continuant le même jeu, le piſton montera & deſcendra alternativement.

C'eſt dans cette action alternative de la vapeur de l'eau & de la preſſion de l'atmoſphère, lorſque cette vapeur eſt anéantie, que conſiſte tout le méchaniſme des machines à feu.

Ceci bien entendu, paſſons à la deſcription de cette machine.

Elle eſt repréſentée en perſpective dans la Figure 2; en plan dans la Figure 3; en profil dans celle 10, & enfin en entier avec ſa tour dans la Figure 11; les autres figures ſont relatives aux détails.

La tige X du piſton P & la couliſſe verticale Pl. II,
F G ſont ſuſpendues par des chaînes au bras A Fig. 7. 11
d'un grand levier dont l'autre bras B fait jouer des pompes; l'une L aſpirante, à pluſieurs étages, s'il le faut, ſervant à puiſer de l'eau à une profondeur quelconque; l'autre K foulante, ſervant à élever celle néceſſaire pour les injections, par un tuyau *b b* qui la porte dans un baſſin *i*, d'où elle ſe rend dans la cuvette d'injection M.

Ce levier AB eſt appuyé ſur deux tourillons E autour deſquels il ſe balance, ce qui le fait nommer *balancier*; les jantes canelées C, H, I, D ſont faites en arc de cercle, dont le centre eſt celui des tourillons, afin que dans le mouvement du balancier les tiges des pistons restent verticales.

Outre la chaudière, le cylindre, le piston & le balancier qui sont les principales pièces de la machine, il y a encore un grand nombre de tuyaux, de robinets, de soupapes, de leviers, & plusieurs bassins qui concourent à son jeu. On expliquera successivement leurs usages particuliers.

Pl. I, fig. 2 & 10. Au fond du cylindre H est adapté un tuyau KZ nommé *le collet*, ouvert par les deux bouts; le supérieur K déborde un peu par en haut le fond du cylindre, pour empêcher l'eau injectée de passer dans la chaudière; l'inférieur Z en pénètre le chapiteau V Z T.

Ce tuyau sert à faire passer la vapeur de la chaudière dans le cylindre. Une plaque de cuivre circulaire, horisontale, nommée *régulateur*, portant une queue mobile autour d'un axe vertical, s'applique exactement contre la base inférieure Z du collet; elle en ouvre & ferme alternativement l'entrée, en tournant autour de son axe.

Quand la vapeur a élevé le piston à la hauteur où l'on veut qu'il monte, on le fait descendre en fermant le régulateur, & injectant aussi-tôt après dans le cylindre de l'eau froide qui vient de la cuvette d'injection M par un tuyau Q M 3′ qu'on nomme *tuyau d'injection.* Ce tuyau eſt garni d'un robinet R qu'on appelle *robinet d'injection* ; en tournant ſur ſon axe, tantôt dans un ſens, tantôt dans un autre, ce robinet arrête ou laiſſe paſſer l'eau.

Dans ce dernier cas, elle jaillit de bas en haut par l'ajutage 3′, & va frapper la baſe inférieure du piſton, ce qui, la faiſant retomber en pluie, condenſe la vapeur, & donne lieu à la preſſion de l'atmoſphère de faire deſcendre le piſton.

Comme le mouvement ſe perpétue dans la machine par cette action alternative du régulateur & du robinet d'injection, il eſt eſſentiel de la bien comprendre.

Les Figures 4, 5, 6 qui ſont deſſinées ſur une plus grande échelle montrent le jeu du régulateur & des pièces qui le conduiſent. Fig. 4.

Dans la Fig. 4, *a a a a* repréſente un anneau de fer horiſontal placé au dedans du chapiteau de la chaudière, auquel il eſt ſuſpendu par quatre montans verticaux déſignés par les lettres *a*, *a*, *a*, *a*.

Le cercle b, b repréſente la baſe inférieure du collet.

Le cercle *d*, *d* eſt le régulateur ; il eſt tout d'une pièce avec ſon manche *m m*, ce manche eſt traverſé quarrément par un axe vertical *e* qui le fait tourner, & fait décrire au centre *o* du régulateur l'arc *c o* pour ouvrir, & celui *o c* pour fermer l'orifice du collet.

D E est un ressort destiné à presser le régulateur contre l'orifice du collet.

Fig. 5. Dans la Figure 5, qui est un profil élevé sur le diamètre *dd*, perpendiculairement à *co*; MN est le profil d'une partie du chapiteau de la chaudière; K est celui du collet; *dtb* est le régulateur; A'E l'anneau dont nous avons parlé; A'N, EM les montans qui le soutiennent; ABC le ressort contre lequel le bouton *t* du régulateur s'appuie en allant de A vers B lorsqu'il se ferme.

Fig. 6. Dans la Figure 6, qui est une élévation faite sur *eo* perpendiculairement à *dd*, on voit l'axe vertical *xy* qui fait mouvoir le régulateur. Le pivot inférieur de cet axe joue dans l'anneau *aaaa* (Fig. 4).

Le bout *e* du manche du régulateur est lié par une clavette L à l'axe *xy* qui dans sa partie supérieure *ex* est bien rond, & joue exactement dans un canon *fg* adapté au chapiteau de l'alembic. Enfin le bout supérieur *x* de l'axe *xy* reçoit une clef *i* (Fig. 2 & 3) par le moyen de laquelle le régulateur est mû.

Connoissant la construction du régulateur, voyons maintenant comment ses mouvemens & ceux du robinet d'injection sont produits.

Deux

Deux poteaux A A ſoutiennent un eſſieu horizontal B C qui tourne dans les anneaux d'un étrier *a a b b*, lequel eſt traverſé d'un boulon *b b*. Fig. 2 & 3.

Autour de ce boulon jouent les anneaux d'une fourche *i h f g* dont la queue *h* tire & pouſſe alternativement la clef *i* du régulateur, dans une direction horizontale.

Sur le même eſſieu B C ſont fixées quatre pièces différentes, ſavoir une patte à deux griffes *k*, *l* qui font mouvoir l'étrier ; une branche de fer *m*, une autre *n* de même métal ; la tige *o* d'un poids *p* tenu par une courroye lâche attachée au ſommier en *q* & *r*: voilà les pièces qui font mouvoir le régulateur comme on le verra plus bas. Fig. 2.

A l'égard du robinet d'injection R *x*, ſa clef eſt ſoudée à une patte d'écreviſſe *s t* qui embraſſe la broche *u v*; cette patte tient au manche d'un grand marteau *y* mobile ſur la charnière *u*: Ce marteau eſt engagé par la tête dans une eſpèce de déclit formé par une entaille faite dans une pièce de bois horizontale tenue à charnière en D, & ſuſpendue en E avec une corde.

La couliſſe F G eſt garnie de quatre chevilles *ß*, *z*, *π*, & dont les diſtances ſe règlent d'après l'épreuve qu'en a d'abord fait le conducteur.

Tout étant ainſi diſpoſé, ſuppoſons que le

régulateur étant ouvert, la force de la vapeur fasse remonter le piston, & par conséquent la coulisse F G ; la cheville *π* rencontrant la branche de fer *m*, la soulève & la fait monter, ce qui fait tourner l'essieu B C & le poids *p*, lequel, après avoir passé la verticale, tombe du côté du cylindre, & tend la courroie *p r*. Or ce mouvement ne peut se faire sans que la griffe *k* n'amène avec elle l'étrier *a a b b* qui tire la queue *h* & fait tourner la clef *i*, ce qui ferme le régulateur & interrompt à la vapeur qui est dans le cylindre la communication avec celle qui est dans l'alembic.

L'instant d'après la coulisse F G frappe la pièce D E au moyen de la cheville *ss*, cette pièce se soulève & le déclit lâche la tête du marteau *y* qui tombe sur une planche L. Pendant cette chute la broche *u v* décrit un arc de cercle qui fait tourner la patte d'écrevisse, & ouvre le robinet d'injection. Aussi-tôt l'eau jaillit dans le cylindre, & y condense très-promptement la vapeur. Cette condensation donne lieu à la pression de l'atmosphère de faire descendre le piston, & par conséquent la coulisse F G; alors la cheville *ss* ramène vers *z* la queue *u z'* du marteau *y*, l'oblige de remonter & de s'engager de nouveau dans le déclit de la pièce D E, ce qui fait tourner la broche *u v*, & par conséquent la patte d'écrevisse qui ferme le robinet d'injection.

Dans le même tems la cheville & rencontre le bout de la branche *n* qu'elle fait descendre, ce qui oblige l'essieu BC à tourner, ramene le poids *p*, & lui fait dépasser la verticale; alors sa pesanteur le fait retomber du côté de la coulisse, & la griffe *l* fait tourner l'étrier qui, dans ce moment, pousse le manche *h* lequel fait tourner la clef *i* qui ouvre de nouveau le régulateur.

Alors le piston & la coulisse commencent à remonter, & quand celle-ci arrive vers le haut de sa relevée, la cheville *π* fait de nouveau fermer le régulateur, & celle *ß* fait ouvrir le robinet d'injection; ainsi de suite, ces mouvemens alternatifs se succédant sans cesse, tant qu'on entretient le feu sous la chaudière.

Cette coulisse n'est autre chose qu'un chevron ouvert par le milieu sur une partie de sa longueur, qui joue verticalement dans un trou N pratiqué à cet effet; les faces de ce chevron sont percées de plusieurs trous, afin de pouvoir placer les chevilles plus ou moins haut, selon que l'on veut rendre le jeu du régulateur & du robinet d'injection plus ou moins prompt.

Ces chevilles sont l'une *π* dans la fente même, l'autre & sur la face antérieure, & enfin la troiſième *z*, & la quatrième *ß* ſur la face poſté-rieure de la couliſſe.

On conçoit maintenant que par les mouvemens bien combinés du régulateur & du robinet d'injection, la machine ira uniformément ſi la vapeur eſt toujours dilatée & condenſée de la même manière, & ſi les effets alternatifs du régulateur & du robinet d'injection ſe ſuccèdent comme il convient.

Cette régularité de mouvemens ne pouvant être produite qu'à l'aide de pluſieurs robinets, tuyaux & ſoupapes repréſentés dans les figures 2 & 10, voici les fonctions de ces pièces.

Fig. 2, & 10. L'eau injectée par l'ajutage 3′ retombe dans le fond du cylindre, où la vapeur en entrant la preſſe & fait entrer dans un tuyau 1, 1 dont le bout eſt fermé hermétiquement.

À ce tuyau ſont adaptés deux autres tuyaux 2 2, 3 3 : par le premier 2 2 qui va ſe rendre au fond d'une petite citerne, il ſort environ les $\frac{3}{4}$ de l'eau d'injection qui ſe perd dans cette citerne. Le bout *l* de ce tuyau eſt recourbé verticalement en contremont & garni d'une ſoupape ſuſpendue à un reſſort de fer. Cette ſoupape eſt toujours plongée dans l'eau pour empêcher l'air de pénétrer dans le tuyau : elle eſt fermée quand le piſton deſcend, & ouverte quand il monte, la force de la vapeur expulsant alors l'eau contenue dans ce tuyau 2 2.

Le second tuyau 3 3 transmet le quart restant de l'eau d'injection au tuyau vertical 4 4 qui pénètre presque jusqu'au fond de la chaudière, & qu'on appelle *tuyau nourricier*, parce que l'eau qu'il fournit ainsi à la chaudière sert à réparer la perte qu'elle fait par l'évaporation.

On règle par un seul robinet placé à ce tuyau 3 3, les quantités d'eau qui doivent passer par les tuyaux 2 2 & 3 3.

La branche inférieure du tuyau 1, 1 porte encore un godet 5, au fond duquel est une soupape suspendue à un cordon qu'on soulève quand on veut introduire de l'eau dans les tuyaux 2 & 3. Cette eau, qui vient du haut du cylindre par le tuyau descendant 6, 6, est tiède, elle sert à chasser l'air des tuyaux où on la fait entrer quand on commence à faire jouer la machine.

À l'opposite du tuyau d'injection est adapté au cylindre un court tuyau 7 qui porte un godet 8, au fond duquel il y a une soupape suspendue en partie à un ressort de fer qui la maintient toujours dans la même direction. Cette soupape sert d'abord à évacuer l'air que la vapeur chasse du cylindre lors qu'on commence à faire jouer la machine, & ensuite celui qui est amené par l'eau d'injection, & qui empêcheroit l'effet de la machine, s'il n'avoit pas la liberté de s'échapper. Cette soupape se nomme *reniflante*, parce qu'en s'échappant l'air fait un bruit semblable à celui d'un homme enrhumé.

Fig. 2, 3 & 10. Sur le chapiteau de l'alembic est soudé verticalement un bout de tuyau 9, au sommet duquel est une soupape qu'on appelle *ventouse*; elle sert à donner de l'air à l'alembic, lorsque la vapeur devient trop forte, autrement celle-ci mettroit l'alembic en danger de crever; elle se lève assez souvent lorsque le régulateur est fermé & que le piston descend.

Le tuyau 10, 10, nommé *cheminée*, a une de ses extrêmités dehors du bâtiment; elle est munie d'une soupape qui est attachée à une ficelle que deux petites poulies renvoyent dans l'intérieur de ce bâtiment, pour que, sans en sortir, on puisse élever la soupape lorsqu'on veut évacuer la vapeur & arrêter la machine.

Les deux petits tuyaux 11, 12, qu'on nomme *tuyaux d'épreuve*, sont, chacun à leur sommet, garnis d'un petit robinet; ils servent à faire connoître s'il y a trop ou trop peu d'eau dans la chaudière; ils sont, comme on voit, inégaux: l'un trempe seulement jusqu'au fond de la vapeur; l'autre pénetre de 2 à 3 pouces dans l'eau. Lorsque l'eau recouvre d'environ 3 pouces les rebords de la chaudière, qui est la hauteur convenable, le plus long tuyau donne de l'eau, & l'autre de la vapeur. S'ils donnent tous deux ou de la vapeur ou de l'eau; dans le premier cas, c'eſt une marque que l'eau eſt trop baſſe, & dans le ſecond qu'elle eſt trop haute. L'on remédie à l'un ou à l'autre de ces inconvéniens en introduiſant de l'eau dans la chaudière, ou en laiſſant échapper l'excédent de celle qu'elle contient.

Par la force de ſon reſſort, la vapeur de l'alembic fait monter l'eau de la chaudière dans le tuyau d'épreuve 12, 12, & auſſi dans le tuyau nourricier 4, 4; comme celui-ci eſt ouvert par les deux bouts, elle s'y élève juſqu'à la hauteur de 7 à 8 pieds au deſſus du niveau de la chaudière.

Pour remplir & vuider la chaudière quand on veut, il y a aux endroits O & S deux tuyaux garnis de leur robinet *m*; le premier ſert à faire entrer l'eau du réſervoir proviſionnel, le ſecond à évacuer la chaudière. Fig. 10.

Pour amortir la violence du mouvement du balancier & empêcher que le bâtiment & auſſi la machine n'en reçoive de trop fortes ſecouſſes, l'on fait ſaillir en dehors du bâtiment les extrémités P de deux poutres, pour ſoutenir deux chevrons à reſſorts, recevant un boulon qui traverſe le ſommet des grandes Fig. 11.

jantes du balancier, & l'on prend la même précaution pour le soulager dans sa chute du côté du cylindre.

La base supérieure du piston est toujours couverte d'eau, pour empêcher les cuirs de se dessécher, & pour fermer à l'air extérieur toute entrée dans la partie du cylindre où passe la vapeur. Cette eau est amenée par le tuyau 13, &, quand on veut, on peut en faire passer une partie par celui 6, l'autre s'échappant par le tuyau 14 qui la conduit dans le réservoir provisionnel placé en dehors du bâtiment sur une plate-forme de maçonnerie.

Ce réservoir est fait de madriers doublés de plomb ; on y entretient l'eau nécessaire pour remplir la chaudière & la cuvette d'injection, lorsqu'on veut faire jouer la machine, en y déchargeant le superflu de celle de cette cuvette, & de l'eau qui recouvre le piston pendant qu'elle joue.

Fig. 10. Le feu contenu dans le fourneau II′ Y′Y est ordinairement fait avec du charbon de terre jetté sur la grille I′ Y′ ; il est destiné à chauffer la chaudière.

Vis-à-vis de la porte par où on jette le charbon, se trouve une entrée où la flamme se porte & va circuler, autour des côtés de la chaudière, dans l'efpace vuide V I, T Y, qu'on nomme *la cheminée de la chaudière*, de telle forte qu'elle fait un tour entier autour des côtés & du plat bord de la chaudière avant de fortir par un tuyau de cheminée ordinaire qui eft placé à côté de l'entrée ci-deffus. Sans cette circulation de la flamme autour des parois de la chaudière, il faudroit une plus grande quantité de combuftible pour produire la vapeur dont on a befoin.

On voit que les bords du fond de la chaudière portent fur la maçonnerie du fourneau en I Y, & que le plat rebord eft foutenu de même en V T.

On a auffi foin de garnir le chapiteau de la chaudière de maçonnerie, jufqu'à une certaine hauteur, pour lui donner plus de force contre l'effort de la vapeur, & pour le garantir des coups que le hafard pourroit lui faire recevoir. Fig. 3.

L'ellipfe B′ C′ dont le grand axe eft de 18 pouces, & le petit de 14, eft une plaque qui fe détache quand on veut entrer dans l'alembic pour y faire quelques réparations.

Comme on ne peut faire jouer la machine fans avoir de l'eau dans la cuvette d'injection, l'on a placé dans le troifième étage une pompe afpirante Q (fig. 11) dont le tuyau R S T aboutit près du fond du réfervoir provifionnel, afin qu'au befoin on en puiffe tirer de l'eau pour remplir cette cuvette, qui eſt ordinairement vuide quand la machine ne joue pas.

Fig. 10. La citerne n'eſt autre choſe qu'une cuvette de plomb placée ſous la voûte de la plate-forme; elle a deux tuyaux, l'un ſert de décharge de ſuperficie, & l'autre de fond; ainſi l'on peut avoir en dehors du bâtiment, au pied de la plate-forme, deux baſſins, dont l'un recevra de l'eau froide provenant du réſervoir proviſionnel, & l'autre de l'eau chaude provenant de la citerne.

L'on jugera de l'emplacement de l'alembic dans le bâtiment où il eſt renfermé en conſidérant la figure 13 qui repréſente le plan du premier étage: l'on y verra une coupe horizontale de l'alembic accompagné du revêtement de maçonnerie qui en ſoutient le chapiteau.

De cet étage, l'on peut par un petit eſcalier A B deſcendre dans l'endroit où eſt le fourneau; on ſe fera une idée de la conſtruction de celui-ci en conſidérant la figure 12 qui en montre le profil pris ſur la ligne C D.

Fig. 12. Le fond de ce fourneau eſt une grille élevée d'environ 4 pieds au deſſus du rez de chauſſée, ſervant de foyer; on introduit le charbon de terre par une ouverture E, vis-à-vis de laquelle eſt une porte C qui répond au rez de chauſſée.

Dans l'épaiſſeur de la maçonnerie & des terres

qui se trouvent derrière le fourneau, on a pratiqué une ventouse F G, afin que l'air extérieur puisse s'introduire sous la grille & animer le feu dont la fumée, après avoir circulé autour de la chaudière, s'échappe par la cheminée HLK opposée à l'entrée du fourneau.

Quand la machine ne joue pas, le balancier est incliné du côté du puits, parce que le bras qui est de ce côté-là est plus chargé par les attirails, que celui qui est du côté du cylindre, & que l'air pénétrant dans l'intérieur de celui-ci, fait que le piston est alors élevé au plus haut point de son jeu.

Lorsqu'on veut faire jouer la machine, il faut commencer par remplir d'eau la chaudière, & faire jouer la pompe aspirante Q pour remplir la cuvette d'injection, ensuite laisser couler l'eau sur la tête du piston. Fig. II.

Cela fait, on allume le feu, & aussi-tôt après on ouvre le régulateur, supposé qu'il soit fermé, ce qu'on a la facilité de faire à l'aide de la branche de fer *m*, au moyen de laquelle on donne à l'essieu les mêmes mouvemens que lui imprimeroit la coulisse. Fig. 2.

En se formant, la vapeur s'élève dans le cylindre, en chasse l'air & échauffe l'eau qui est au dessus de la tête du piston. On fait alors passer par le tuyau 6, 6, une partie de cette eau dans le godet 5, dont on ouvre la ſoupape pour la faire entrer dans les tuyaux 2, 3, 4.

Lorſque la vapeur a acquis aſſez de force pour ouvrir la ſoupape qui ferme la ventouſe 9 & ſortir avec détonnation, le conducteur qui attend ce moment pour ſignal, prend d'une main la queue du marteau *y*, de l'autre, le marteau *p* & ferme le régulateur. Un inſtant après il ouvre le robinet d'injection, la vapeur ſe condenſe & le piſton deſcend; enſuite le régulateur s'ouvre de lui-même, & la machine continue à faire toutes ſes fonctions & joue ſans qu'on y touche.

Une machine à feu bien réglée & bien proportionnée donne ordinairement 15 à 16 impulſions de 6 pieds chacune, ou 11 à 12 de 8 pieds, par minute.

On en peut faire de toutes ſortes de grandeurs; cela dépend du plus ou moins de force dont on a beſoin. À Rotterdam il y en a une dont le cylindre a 52 pouces de diamètre, comme elle n'eſt deſtinée qu'à épuiſer les eaux des campagnes, elle ne les élève qu'à une très-petite hauteur.

Dans la machine à feu qui eſt établie depuis quelques années aux mines de charbon de montrelais près d'Ingrande, ſur les confins de l'Anjou & de la Bretagne, le cylindre a 52 ½ pouces ſur

9 $\frac{1}{2}$ de hauteur ; le jeu du piſton eſt d'environ 6 $\frac{1}{2}$ pieds, elle élève l'eau d'une profondeur de 600 pieds par pluſieurs répétitions de pompe ; le balancier a 25 pieds de long ſur 36 pouces d'équarriſſage.

Il eſt des machines dont le cylindre eſt de 6 pieds de diamètre intérieur ; ainſi la peſanteur de la colonne d'air qui preſſe ſur leur piſton eſt de plus de 60 mille livres, ce qui eſt une force ſupérieure à celle de 350 chevaux.

Où exiſte-t-il dans la nature un auſſi puiſſant agent appliquable aux machines qui doivent produire de grands effets?

THÉORIE DES MACHINES MUES PAR LA FORCE DE LA VAPEUR DE L'EAU.

SECONDE PARTIE.

Théorie de la Machine à Feu.

Pour donner à une machine quelconque le plus grand degré de perfection, il faut en proportionner les parties de façon que la puissance fasse le plus grand effet possible; c'est-à-dire que la quantité de mouvement du poids que l'on veut mouvoir, aye à la force que l'on veut employer pour produire cet effet, la plus grande raison possible.

Pour parvenir à ce but dans la machine à feu, on commencera par porter l'examen sur le poids à mouvoir; ce poids étant la colonne d'eau que l'on veut élever, pour s'en acquitter avec le plus grand ſuccès, on procurera aux piſtons des pompes les moyens de puiſer le plus d'eau poſſible. Comme les principes que l'on établit à ce ſujet conviennent également, ſoit qu'il y ait un ſeul corps de pompe, ſoit qu'il y en ait pluſieurs, en parlant de la pompe & de ſon piſton, on avertit qu'on le fera indiſtinctement au plurier ou au ſingulier.

De cette extrêmité du balancier ſe tranſportant à l'autre, on déterminera la puiſſance la plus avantageuſe à y appliquer.

Le diamètre du cylindre fixé, on examinera le jeu de ſon piſton; la conſidération de la force de vapeur néceſſaire à ce jeu nous entraînant dans l'alembic, empêchera pour le moment d'étendre nos recherches ſur les tuyaux qui correſpondent au cylindre, & fixera notre attention ſur l'alembic; celui-ci proportionné de façon à économiſer le plus qu'il eſt poſſible la vapeur & la matière dont il eſt formé, avant de le quitter, on conſidèrera les tuyaux qui y aboutiſſent: diamètre, longueur de ces tuyaux, proportion de leurs ſoupapes, rien ne nous échappera.

De là on paſſera à la chaudière; elle doit fournir la quantité de vapeur néceſſaire au jeu de la machine, & en même tems économiſer autant

autant que possible les combustibles, agent toujours précieux par la quantité que cette machine en exige; on donnera les moyens de lui procurer ces propriétés.

Comme par sa figure le fourneau contribue aussi beaucoup à économiser les combustibles, on exposera la meilleure forme qu'il convient de lui donner à cet effet.

Du fourneau remontant au cylindre, on s'occupera d'abord de l'injection qui s'y fait, ensuite on portera son attention sur les tuyaux qui y aboutissent & sur leur soupape.

Le réservoir provisionnel étant à peu près au niveau du cylindre, on considérera ses fonctions & on exposera les moyens qui le mettent à même de les remplir.

Etant essentiel de se faire une idée aussi claire qu'il est possible de la façon dont l'injection condense la vapeur, afin de connoître si c'est la pression totale de l'atmosphère, ou seulement une partie de cette pression qui fait descendre le piston, on entrera à ce sujet dans un examen assez étendu.

Enfin on finira par une remarque intéressante sur le poids des attirails, lorsque l'eau doit être puisée à de grandes profondeurs.

Des Pistons des Pompes.

A ce sujet observons:

1. Que l'effort de la vapeur étant employé en entier à faire monter le piston du cylindre, n'exerce aucune pression, ni sur le balancier pour le faire tomber du côté des pompes, ni sur les tiges de leurs pistons pour les faire enfoncer dans les corps de pompe, & y puiser l'eau.

2. Que si cette chute du balancier & du piston de la pompe n'avoit pas lieu, l'effet de la machine seroit nul; d'où nous concluons que pour qu'elle en produise un, il faut que la tige du piston de la pompe soit chargée d'un poids qui supplée au défaut d'action de la vapeur sur le piston. Cela posé, voyons comment on peut déterminer la grandeur de ce poids & fixer son emplacement.

3. Si ce poids étoit le piston même, ou si, étant attaché à la verge de celui-ci, il étoit placé assez bas pour se trouver plongé dans l'eau, lorsque ce piston descend dans le corps de pompe & y puise l'eau, ce poids ne produiroit pas son plus grand effet; car chaque fois qu'il plongeroit dans le fluide, il souffriroit une diminution égale au poids du volume d'eau dont il occuperoit la place, sans que la puissance qui seroit obligée de l'élever en élevant le piston, reçût le même soulagement, cette puissance ayant alors à soutenir toute la pesan-

teur absolue de ce poids. D'où je conclus que pour (à l'égard de son emplacement) obtenir le plus grand effet, ce poids doit être attaché assez haut sur la tige du piston (*a*) pour qu'il ne puisse pas parvenir à l'eau lors de la descente de ce piston, & que par conséquent il soit toujours en état d'exercer toute sa pesanteur absolue, & sur le balancier & sur le piston.

L'emplacement de ce poids fixé ; voyons quelle doit être sa grandeur.

4. Ce poids étant lié à la tige du piston ; la puissance ne pourra élever celui-ci avec la colonne d'eau qui le suit sans élever aussi ce poids ; ainsi ce poids ne pourra être élevé qu'aux dépens de la colonne d'eau qu'on a à puiser ; comme plus il sera grand, plus celui de la colonne d'eau qu'il restera au pouvoir de la puissance d'élever sera petit. Si l'on veut obtenir le *maximum* d'effet de la machine à feu, il faut nécessairement faire ce poids le moins grand possible.

(*a*) Je dis que le poids doit être expressément attaché à la tige du piston & non à la chaîne ou à l'extrémité du balancier, parce que dans ces deux cas il n'opéreroit pas l'effet désiré ; la souplesse de la chaîne ne pouvant transmettre aux pistons l'action de ce poids, il ne feroit aucun effort pour les faire enfoncer.

Car ſi on le faiſoit très-grand, par exemple, tel qu'il approchât infiniment du poids total que la puiſſance eſt en état d'enlever, le piſton deſcendroit, à la vérité, avec la plus grande viteſſe dont un corps tombant eſt capable, &, dans le tems donné, iroit puiſer l'eau auſſi bas qu'il ſeroit poſſible; mais la colonne d'eau qu'il reſteroit au pouvoir de la puiſſance d'élever avec ce poids, ſeroit infiniment petite, & l'effet de la machine preſque nul.

Si, au contraire, on le faiſoit trop petit, par exemple, tel qu'il ne ſurpaſſât que d'une quantité infiniment petite celui qui ſeroit néceſſaire pour faire équilibre aux obſtacles qui s'oppoſent à l'enfoncement du piſton, on ne peut diſconvenir que l'équilibre en ſeroit troublé, & que ce piſton s'enfonceroit d'un mouvement uniformément accéléré; mais au bout d'un tems fini, la viteſſe qu'il auroit acquiſe ſeroit infiniment petite (*b*); par conſéquent l'eſpace qu'il

---

Plan. I. Fig. 7. (*b*) Soit imaginé un plan incliné dont la longueur AB exprime le poids total du piſton & de ſa ſurcharge; & la hauteur AC la quantité relative de ce poids; c'eſt-à-dire ce dont il ſurpaſſe l'équilibre. Ce plan incliné AB ſera celui le long duquel un corps tombera avec la même viteſſe qu'a le piſton dans ſa deſcente, puiſque ce corps & le piſton ont la même raiſon entre leur peſanteur abſolue & leur peſanteur relative.

Soit prolongée la verticale AC juſqu'en D, de ſorte

auroit parcouru, c'eſt-à-dire la profondeur à laquelle il ſe feroit enfoncé feroit auſſi infiniment petite; ce qui eſt contraire à la condition du plus grand effet. D'où il ſuit que pour que la pompe fourniſſe une quantité finie d'eau, il faut que le poids qui doit vaincre les obſtacles qui s'oppoſent à l'enfoncement du piſton, ſurpaſſe d'une quantité finie celui qui feroit équilibre à ces obſtacles.

5. Puiſqu'en employant un poids trop grand, l'effet de la machine eſt preſque *zero*, & que la même choſe arrive lorſqu'on employe un poids trop petit, il eſt facile d'appercevoir qu'entre ces deux cas extrêmes il exiſte un *maximum*;

---

que AD ſoit la hauteur dont un corps tomberoit librement dans le tems fini que le piſton employe à deſcendre.

Du point D ſoit menée la ligne DN perpendiculaire ſur AB; la ligne AN exprimera l'eſpace parcouru par ce corps ſur ce plan incliné, pendant le tems qu'il feroit tombé librement de la hauteur AD.

Les triangles ABC, ADN donnent AB : AC : : AD : AN; mais AC eſt ſuppoſé infiniment petit par rapport à la grandeur finie AB; donc AN ſera auſſi infiniment petit par rapport à la grandeur finie AD; mais AN eſt la profondeur où deſcendent les piſtons dans un tems fini; donc, comme on l'a avancé, la profondeur AN, à laquelle le piſton puiſera l'eau, ſera dans ce cas infiniment petite.

c'eſt-à-dire qu'il y a un poids de grandeur déterminée, & telle que l'enfonçement qu'il procurera au piſton dans un tems donné, lui fera puiſer le plus d'eau poſſible; ce qui aura lieu lorſque la colonne d'eau à puiſer, multipliée par l'eſpace qu'elle doit parcourir dans un tems donné, c'eſt-à-dire par la profondeur à laquelle le piſton eſt deſcendu, donne un *maximum*.

Cette vérité apperçue, tâchons de la développer.

6. Soit P le poids total que la puiſſance doit élever, lequel eſt compoſé de celui de la colonne d'eau, de la peſanteur du piſton & du poids dont il eſt chargé.

Soit p le poids inévitable & déterminé que doit avoir le piſton avec ſa tige pour avoir la ſolidité convenable;

Soit x le poids inconnu que l'on doit attacher à la tige du piſton pour l'obliger à s'enfoncer avec la viteſſe requiſe pour le plus grand effet;

Soit enfin m la ſomme de tous les obſtacles qui s'oppoſent à la libre deſcente du piſton dans le corps de pompe (*c*).

(*c*) Cette quantité m comprenant la ſomme de toutes les réſiſtances qui empêchent le piſton de deſcendre, comprend donc le frottement du balancier & la réſiſtance qu'oppoſe l'inertie de celui-ci, le poids de la couliſſe,

Le poids total & abſolu du piſton avec ſa charge ſera $x+p$.

La peſanteur relative de ce piſton chargé, c'eſt-à-dire celle qui lui reſte après avoir vaincu les obſtacles ſera $x+p-m$.

Soit maintenant imaginé un plan incliné dont la longueur AB ſoit $x+p$; la hauteur AC, ſoit $x+p-m$. Plan. I. Fig. 7.

Si l'on poſe un grave ſur ce plan incliné, il y deſcendra avec la même vîteſſe que celle avec laquelle le piſton ſurchargé deſcend dans le corps de pompe; car ce grave & ce piſton ayant chacun le même rapport entre leur peſanteur abſolue & leur peſanteur relative, ils ſeront néceſſairement aſſujettis au même mouvement.

Soit prolongée la verticale AC juſqu'en D, tellement que AD ſoit la hauteur dont un corps tombe librement pendant une ſeconde; & ſoit fait AD $= d$.

Du point D ſoit enſuite menée la ligne DN perpendiculaire ſur AB; la ligne AN ſera l'eſpace parcouru dans une ſeconde par le grave poſé au point A ſur le plan incliné.

le frottement des piſtons dans les corps de pompe, la perte du poids à laquelle ſont ſujets les piſtons & une partie de leur tige, lorſqu'ils plongent dans l'eau, & enfin la réſiſtance qu'elle oppoſe à ce que le piſton la traverſe & la déplace.

Pour trouver l'expreſſion de cet eſpace, on remarquera que les triangles ABC, ADN, ſont ſemblables, & par conſéquent donnent la proportion AB : AC :: AD : AN ; d'où l'on tire $AN = \frac{AC \times AD}{AB}$; ou ſubſtituant à ces lettres leurs valeurs algébriques, on aura $AN = d \times \left(\frac{x + p - m}{x + p}\right)$

Soit t le tems pendant lequel on veut que le piſton deſcende dans le corps de pompe; AN étant l'eſpace que parcourroit ce piſton pendant une ſeconde, pour trouver celui qu'il parcourra dans le tems donné t, on fera uſage du principe de dynamique, que les eſpaces parcourus ſont entr'eux comme les quarrés des tems, ainſi $1^2 : t^2 :: d \times \left(\frac{x + p - m}{x + p}\right)$ eſpace parcouru par le piſton dans une ſeconde, eſt à $\frac{t^2 d\,(x + p - m)}{1^2 \times (x + p)}$ qui ſera l'eſpace ou profondeur à laquelle le piſton ira puiſer l'eau dans le tems donné t.

7. Le poids total que la puiſſance eſt en état d'élever étant P; le piſton avec ſa charge, c'eſt-à dire, $p + x$ devant faire une partie de ce poids, & la colonne d'eau l'autre ; ſi du poids total P on retranche celui du piſton avec ſa charge, le

reſte $P - p - x$ ſera le poids de la colonne d'eau que la puiſſance pourra puiſer à la profondeur trouvée ci-deſſus $\frac{t^2 d \times (x+p-m)}{1^2 \times (x+p)}$

8. Comme plus le produit de la colonne d'eau à puiſer multipliée par la profondeur à laquelle le piſton ſera deſcendu ſera grand, plus la pompe fournira d'eau dans le tems donné, il s'enſuit que pour obtenir le *maximum* d'effet, il faut que ce produit $\frac{dt^2 \times (x+p-m) \times (P-x-p)}{1^2 \times (x+p)}$ ſoit un *maximum*.

Faiſant donc les multiplications indiquées on aura

$$dt^2 \times (-x^2 + \overline{P+m-2p} \times x + P \times \overline{p-m} + p \times \overline{m-p}) \times \overline{1^2 \times (x+p)}^{-1}$$

laquelle quantité étant différentiée & égalée à *zero*, deviendra

$$-\frac{2x\,dt^2\,\delta x}{1^2 (x+p)} + \frac{x x \times 1^2\,dt^2\,\delta x}{(1^2 \times \overline{x+p})^2} + \frac{dt^2 \times (P+m-2p) \times \delta x}{1^2 (x+p)} - \frac{x \times 1^2 \times dt^2 (P+m-2p)\,\delta x}{(1^2 \times \overline{x+p})^2} -$$

$$\frac{1^2 dt^2 \times [P \times \overline{p - m} + p \times \overline{m - p}] \times \delta x}{(1^2 \times \overline{x + p})^2} = o$$

Réduisant ensuite les fractions à un même dénominateur, & divisant l'équation par $1^2 dt^2 \times \delta x$ elle deviendra $(-2xx - 2px + xx + Px + mx - 2px + Pp + mp - 2p^2 - Px - mx + 2px - Pp + Pm - pm + p^2) : (1^2 \times \overline{x + P})^2 = o$ qui étant réduite devient $-x^2 - 2px - p^2 + Pm = o$ ou bien $Pm = x^2 + 2px + p^2$. de laquelle extrayant la racine quarrée, on aura enfin $x = \sqrt{Pm} - p$ valeur cherchée du poids qu'il faut attacher à la verge du piston pour qu'il s'enfonce dans l'eau avec le plus d'avantage possible.

9 Comme ce poids plus celui du piston donne le poids entier que les attirails doivent avoir pour opérer la descente la plus avantageuse de ce piston, il s'ensuit que ce dernier poids sera $\sqrt{pm} - p + p = \sqrt{Pm}$, & si on le retranche du poids total P, on aura $P - \sqrt{Pm}$ pour le poids de la colonne d'eau qui pourra être élevée.

10. D'où il résulte que pour puiser l'eau avec le plus grand avantage dans le cas dont il s'agit,

le poids P qu'on veut élever étant donné, il faut le partager en deux parties qui ſoient entr'elles comme $\sqrt{Pm} : P - \sqrt{Pm}$, dont la premiere $\sqrt{Pm}$ exprime le poids des attirails, & la ſeconde $P - \sqrt{Pm}$, le poids de la colonne d'eau qui ſera élevée.

REMARQUE I.

11. En examinant l'expreſſion $\sqrt{Pm}$ du poids des attirails, on voit que plus la ſomme m des réſiſtances diminue, plus ce poids doit être petit; de ſorte que ſi Pm devenoit égal à p^2, ce poids devroit être égal à p, c'eſt-à-dire égal au poids du piſton, ce qui fait voir que dans ce cas ce piſton n'auroit pas beſoin de charge.

12. Que ſi m étoit *zero*, le poids des attirails devroit être nul; & l'on auroit $x = -p$; c'eſt-à-dire qu'à l'extrémité du balancier oppoſée aux pompes, il faudroit appliquer un poids égal à celui du piſton, afin de produire ſur celui-ci une preſſion $= -p$.

13. Que ſi enfin m étoit une fonction de P & qu'elle en fût une partie aliquote comme $\frac{P}{1}$, ou $\frac{P}{4}$, ou $\frac{P}{9}$, ou $\frac{P}{16}$, ou $\frac{P}{25}$, &c. le poids des attirails ſeroit alors ou $\frac{P}{1}$, ou $\frac{P}{2}$, ou $\frac{P}{3}$, ou $\frac{P}{4}$,

ou $\frac{P}{5}$, &c. ; ce qui donne à connoître que lorſque la ſomme des réſiſtances décroît en progreſſion dont les termes ont pour numérateur conſtant le poids total P, & pour dénominateurs les quarrés des nombres naturels, le poids des attirails décroît de même en progreſſion dont les termes ont auſſi pour numérateur ce poids conſtant, & pour dénominateurs ces mêmes nombres naturels ; ce qui certainement eſt une belle propriété.

REMARQUE II.

14. Si le diamètre & la hauteur de la colonne d'eau à élever, & par conſéquent ſon poids que nous nommerons Q, eſt donné, & qu'on veuille trouver celui que les attirails doivent avoir pour produire le plus grand effet, il faudra d'abord déterminer la ſomme des réſiſtances qui s'oppoſent au mouvement du piſton du corps de pompe donné, à quoi l'on parviendra de la manière ſuivante.

1°. On cherchera le frottement qu'éprouve le piſton de la pompe.

2°. On évaluera la quantité d'eau que déplacent ce piſton & la partie de ſa tige qui s'y trouve plongée.

3°, Ayant fixé les dimenſions du balancier &

de la couliſſe, on évaluera le poids qui eſt néceſſaire pour élever cette couliſſe & pour vaincre le frottement des tourillons.

4°. On évaluera à peu près, (c'eſt-à-dire ſur la vîteſſe des mouvemens qu'ont les balanciers des meilleures machines connues) le poids qui eſt néceſſaire pour vaincre l'inertie du balancier dont il s'agit; je dis à peu près, parce que ne connoiſſant pas encore la vîteſſe qu'aura ce balancier, on ne peut déterminer avec juſteſſe le poids qui doit la lui donner.

5°. Enfin on cherchera à connoître la réſiſtance que le fluide oppoſe à la deſcente du piſton; ajoutant enſuite ces cinq valeurs enſemble, on aura la ſomme m des réſiſtances qu'éprouve le piſton de la pompe.

Maintenant pour trouver le poids des attirails des pompes, il ne s'agit que de faire uſage de la formule $P - \sqrt{Pm}$ qui exprime celui de la colonne d'eau; ce poids étant Q on aura l'équation $Q = P - \sqrt{Pm}$ dans laquelle Q & m étant connus, on en tirera la valeur de P comme il ſuit $P = \pm\sqrt{(Qm + \frac{m^2}{4})} + \frac{m}{2} + Q$ & tel ſera le poids total formé par la ſomme du poids des attirails & de celui Q de la colonne d'eau à élever; retranchant ce poids Q le reſte

$\sqrt{(Qm + \frac{m^2}{4})} + \frac{m}{2}$ ſera le poids cherché que doivent avoir les attirails des pompes.

Si enfin de ce poids on retranche celui du piſton, le reſte ſera le poids dont on doit charger ſa tige pour qu'il aille puiſer l'eau avec le plus grand avantage.

REMARQUE III.

15. Puiſque plus la ſomme m des réſiſtances diminue, plus le poids $P - \sqrt{Pm}$ de la colonne d'eau qu'on peut élever augmente, il faut donc s'attacher à diminuer ces réſiſtances autant qu'il eſt poſſible, afin d'augmenter l'effet de la machine; or on y parviendra,

1°. En ne donnant au piſton que l'épaiſſeur qui eſt néceſſaire pour la ſolidité, & le faiſant de la matière la plus compacte, pour qu'ayant le moins de volume poſſible, il déplace le moins d'eau.

2°. En rendant ſa ſurface, & celle du corps de pompe dans lequel il joue, parfaitement liſſes, pour diminuer le frottement.

3°. En diminuant le frottement des tourillons du balancier, & on parviendra même à l'anéantir, ſi, comme aux balances, au lieu de ces tourillons, on lui donne des appuis angulaires dont les pointes inférieures ſe trouvent placées à ſon centre de gravité. Ce moyen paroît très-adaptable, vu que le balancier des machines à feu n'eſt, non plus que la balance, ſujet à aucune rotation continue; mais ſeulement à un ſimple balancement.

4° Enfin en facilitant à l'eau contenue dans le corps de pompe tous les moyens de s'échapper, & de laiſſer au piſton une deſcente aiſée.

Ce dernier objet eſt un des plus importans; la réſiſtance qu'éprouve un corps qui ſe meut dans un fluide libre & indéfini eſt très-inférieure à celle qu'éprouve le piſton en traverſant l'eau renfermée dans le corps de pompe; cette eau, reſſerrée entre les parois de celui-ci, ne peut faire place au piſton qui la traverſe ſans que la quantité qu'il en déplace ne s'échappe par l'ouverture ſouvent trop étranglée de la ſoupape pour ſe porter au deſſus du piſton.

Or il eſt évident que plus le mouvement du piſton eſt rapide, & le diamètre de l'ouverture de la ſoupape petit par rapport à celui du corps de pompe, plus l'eau qui eſt deſſous le piſton doit jaillir avec vîteſſe au deſſus de celui-ci pour lui laiſſer un libre paſſage; ce qui fait à ſa deſcente un obſtacle très-grand, & qu'il eſt eſſentiel de diminuer autant qu'on pourra.

Pour cet effet, on fera l'ouverture de la ſoupape aussi grande qu'il sera possible sans nuire à la solidité du piston.

Ayant donc choisi une certaine épaisseur (*d*) pour celle de la couronne de ce piston, & qui par la raison qu'on vient de dire soit la moindre possible ; cette épaisseur pourra être constamment la même pour tous les corps de pompe, en observant de ne faire des augmentations que sur la hauteur des pistons, lorsque la grandeur de leurs diamètres exigera qu'on en augmente la solidité: ainsi retranchant cette épaisseur constante du diametre variable des corps de pompe, le reste sera le diamètre de l'ouverture de la soupape ; comme la surface de cette ouverture excédera d'autant plus celle de la couronne du piston, que le diamètre du corps de pompe sera grand, l'eau que cette couronne déplacera aura d'autant moins de difficulté à passer par cette ouverture, & par conséquent opposera d'autant moins de résistance au piston que le diamètre de celui-ci sera grand. Ceci paroîtra encore plus clair par l'exemple suivant.

Supposons deux corps de pompe dont l'un ait 6 pouces de diamètre & l'autre 12 ; & que la couronne du piston de chacun d'eux ait 1 $\frac{1}{2}$

(*d*) Par cette épaisseur j'entends celle qui est l'excés du rayon du corps de pompe sur le rayon de la soupape.

pouces

pouces de largeur prife horifontalement. L'ouverture de la foupape du petit pifton aura donc 3 pouces de diamètre, & la furface de cette ouverture fera le tiers de la furface de la couronne que ce pifton préfente à l'eau dans fa defcente. Or l'eau qui répond à cette furface devant s'échapper par la furface trois fois plus petite de la foupape, devra paffer par cette ouverture avec une vîteffe triple de celle qu'a le pifton.

Mais dans la grande pompe dont le diamêtre eft de 12 pouces, la couronne du pifton ayant auffi 1 ½ pouces de largeur, il reftera 9 pouces pour le diamètre de l'ouverture de la foupape, ainfi la furface de celle-ci fera à la furface de la couronne du pifton comme 9 eft à 7; d'où il fuit que l'eau déplacée par la furface 9, y paffera avec une vîteffe moindre que celle du pifton; par conféquent avec bien plus de facilité que dans le cas précédent: ainfi à cette grande pompe le pifton éprouvera beaucoup moins d'obftacles, à proportion, qu'à la petite.

16. De là il réfulte que, toutes chofes d'ailleurs égales, l'effet des machines à feu bien conftruites fera d'autant plus grand que les corps de pompes auront un plus grand diamètre (*e*).

(*e*) Une caufe qui contribue encore à rendre l'effet des grands corps de pompe fupérieur à proportion à

Il réſulte encore de ce que nous venons de dire que l'ouverture de la ſoupape doit être auſſi grande qu'il eſt poſſible par rapport au diamètre du piſton, mais ſans priver celui-ci de la ſolidité qui lui eſt néceſſaire; qu'ainſi on doit s'attacher à acquérir celle-ci par une plus grande hauteur de couronne, aux dépens de ſa largeur.

Les piſtons des pompes ayant été mis en état de produire le *maximum* d'effet, abandonnons l'extrêmité du balancier qui y répond pour nous porter à l'autre, & chercher la quantité de force qui doit y être appliquée.

De la puiſſance à appliquer à l'extrêmité du balancier oppoſée aux pompes.

18. Si les piſtons des pompes devoient avoir un même mouvement de montée que de deſcente; c'eſt-à-dire devoient s'élever & deſcendre avec la même viteſſe, il ſeroit très-facile de déterminer la puiſſance qui produiroit cet effet; puiſque ce ſeroit celle qui ſurpaſſeroit le poids total P dans la même proportion que le poids

celui des petits, eſt que les colonnes d'eau qu'ils renferment croiſſent (à hauteurs égales) en raiſon des quarrés des diamètres, tandis que les ſurfaces frotantes des piſtons, auſſi de hauteurs égales, ne croiſſent qu'en raiſon de ces diamètres.

total $\sqrt{Pm}$ du piſton chargé ſurpaſſe ſon poids relatif $\sqrt{Pm} - m$; ainſi en faiſant la proportion $\sqrt{Pm} - m : \sqrt{Pm} :: P$: au quatrième terme $\frac{P\sqrt{Pm}}{\sqrt{Pm} - m}$, ce quatrième terme exprimeroit la puiſſance qui éleveroit le piſton & la colonne d'eau dans le même tems & avec la même vîteſſe que celle qu'auroit eu ce piſton dans ſa deſcente ; bien entendu que l'on devroit avoir égard à l'inertie du balancier & au frottement de ſes tourillons s'il y en avoit, pour augmenter enſuite cette puiſſance de la quantité qui lui ſeroit néceſſaire pour vaincre ces deux obſtacles.

19. Mais ſi, comme cela doit ſe faire, ſans avoir égard à cette régularité dans la montée & la deſcente des piſtons des pompes, on préféroit de remplir le but du plus grand effet, on verroit que la formule qu'on vient de trouver n'a pas cet avantage ; & que pour ſe le procurer, il faut prendre un autre chemin.

On ſait que l'effet d'une puiſſance eſt meſuré par la quantité de mouvement du corps ſur lequel elle agit, diviſée par la grandeur de cette même puiſſance ; ainſi plus cette expreſſion eſt grande, plus l'effet de la puiſſance eſt conſidérable. Donc pour avoir la puiſſance qui produira le plus grand effet, il faut que l'expref-fion de cet effet foit un *maximum.*

Or nous avons à mouvoir le poids total P, qui eft la fomme du poids de la colonne élevée & de celui des attirails.

Si nous faifions la puiffance égale à P, nous n'aurions que l'équilibre, & point de mouvement ; pour le produire & faire qu'il foit le plus avantageux poffible, il faut donc augmenter cette puiffance d'une certaine quantité x; ainfi elle fera $P + x$.

Plan. I. Fig. 8. Imaginons maintenant un plan incliné dont la longueur AB repréfente cette puiffance $P+x$, & la hauteur AC fa force relative x;

Imaginons encore que l'efpace AN foit celui que parcourent les piftons des pompes dans leur defcente, & conféquemment celui qu'ils doivent parcourir dans leur montée ; foit fait $AN = j$ & menée ND parallèle à BC.

La proportion $AB : AC :: AN : AD$ donnant $AD = \frac{AN \times AC}{AB}$ ou $AD = \frac{jx}{P+x}$ pour la hauteur de laquelle un grave étant tombé librement, il auroit acquis la même vîteffe que s'il fût defcendu le long du plan incliné de la quantité AN; cette vîteffe fera donc celle que le pifton du cylindre aura acquife lorfqu'il fera arrivé au bas de fa defcente AN, ou celle du piſton de la pompe lorſqu'il ſera remonté au haut de ſon jeu ; les vîteſſes étant exprimées par les racines quarrées des hauteurs, celle du poids ſera donc exprimée par $\sqrt{\frac{jx}{P+x}}$: puiſque le produit de cette vîteſſe dans le poids P, diviſé par la puiſſance $P+x$, eſt l'effet de cette puiſſance, & que cet effet doit être un *maximum*, il faut faire enſorte que l'expreſſion

$$\frac{P\sqrt{jx}}{(P+x)\times\sqrt{P+x}}$$ devienne un *maximum* ;

opérant ſur elle en conſéquence, on différenciera $P\times jx^{\frac{1}{2}}\times\overline{P+x}^{-1}\times\overline{P+x}^{-\frac{1}{2}}$ qui deviendra

$$\frac{-2jxP\delta x+jPP\delta x+jxP\delta x-jxP\delta x}{2\,(P+x)^2\times\sqrt{jx}\times\sqrt{P+x}}=o$$

d'où après avoir fait les réductions l'on tirera $-2x+P=o$ & enfin $x=\frac{P}{2}$: ce qui fait connoitre que la peſanteur de la colonne d'air qui fera remonter les piſtons des pompes, avec le plus grand effet, doit ſurpaſſer de moitié celle requiſe pour l'équilibre.

Ayant déterminé la puiſſance néceſſaire pour faire jouer les pompes avec le plus d'avantage, occupons-nous maintenant des proportions que doit avoir la machine à feu pour pouvoir produire cet effet; commençons par examiner quel doit être le jeu du piston dans le cylindre.

Du jeu d'ascension du piston dans le cylindre.

20. Pour opérer le plus grand effet, le piston du cylindre doit remplir deux conditions; l'une de ne s'élever qu'à une hauteur égale à la profondeur où les pistons des pompes descendent; l'autre de parcourir cette hauteur exactement dans le même tems que la descente des pistons des pompes s'exécute. Cette vérité est palpable; car si, par son trop de vîtesse, le piston s'élevoit dans le cylindre à la hauteur requise, dans un tems moindre que celui que les pistons employent à descendre, ce piston arrivé au haut de son jeu ayant que ceux-là fussent parvenus au bas du leur, seroit obligé, ou de faire une pause pour attendre qu'ils eussent fini leur course, ce qui seroit pour lui une perte de tems; ou, sans s'arrêter, de descendre sur le champ, ce qui seroit encore pire; car il redescendroit avant que les pistons des pompes fussent parvenus à la profondeur où ils doivent s'enfoncer, interromproit leur course, & les obligeroit à remonter avant que de l'avoir achevée. Dans ce cas le piston du cylindre auroit parcouru en pure perte, & l'espace extrême de

ſon aſcenſion, & le commencement de ſa deſcente; ſon jeu ſeroit directement contraire au but du plus grand effet; par conſéquent très-défectueux.

Si au contraire le piſton du cylindre montoit trop lentement, il ſeroit atteint dans ſa courſe par les piſtons des pompes, en ſeroit heurté, & par là obligé de partager leur quantité de mouvement. Dans ce cas ſon jeu n'auroit à la vérité aucun des deux défauts ci-deſſus; mais les piſtons des pompes ſeroient troublés dans leur marche qu'ils ne pourroient achever avec la vîteſſe qui leur a été preſcrite pour le *maximum* d'effet; choſe déſavantageuſe que l'on devroit éviter ſi cela étoit poſſible; je dis s'il étoit poſſible, parce que, [comme je le ferai voir plus loin lorſque j'examinerai la manière dont la vapeur ſe condenſe,] il y a des cauſes qui rendent cette rencontre inévitable: mais ces cauſes étant indéterminables, ainſi ne pouvant s'introduire avec fruit dans le calcul qu'elles compliqueroient ſans néceſſité, cela nous engage à conſidérer la choſe ſous le point de vue relatif à l'effet le plus avantageux, qui eſt de ſuppoſer que cette rencontre des piſtons dans leur courſe puiſſe s'éviter, que par conſéquent le piſton du cylindre reçoive de la vapeur, la force qui lui eſt néceſſaire pour arriver au haut de ſon jeu, précifément dans le même tems que les piſtons des pompes employent à fournir leur carrière, & que le premier deſcende ſans perte de tems.

Nous prenons cette voie avec d'autant plus de confiance que les réſultats auxquels elle conduit ſont très-approchans du vrai, s'accordent avec l'expérience, & donnent pour les les machines à feu des proportions analogues à celles des machines exiſtantes qui paſſent pour les plus parfaites.

Suppoſons donc que le jeu que les piſtons des pompes doivent avoir ſoit donné, le tems pendant lequel il doit s'exécuter le ſera auſſi. Or il ſe préſente trois moyens différens de procurer ce jeu au piſton du cylindre, & de faire qu'il s'exécute dans le même tems que la deſcente des piſtons des pompes.

Le premier, en lui donnant une viteſſe uniforme dans ſon aſcenſion; le ſecond en la lui donnant uniformément retardée, faiſant dans ces deux cas enſorte qu'elle ſoit interrompue & anéantie, ou par l'injection, ou par quelqu'autre cauſe quelconque, au moment où le piſton ſera parvenu au terme de ſon aſcenſion; le troiſième, en lui donnant une viteſſe uniformément retardée, mais qui dans ce moment, s'anéantiſſe d'elle-même.

Comme notre but eſt de produire le plus grand effet en ménageant la force, nous devons examiner lequel de ces trois moyens y conduit; ce ſera ſans contredit celui qui dépenſera le moins de vapeur, & par conſéquent économiſera cet agent précieux que l'on ne peut produire qu'aux dépens des combuſtibles.

Premier moyen.

Il eſt évident qu'en ſortant de l'alembic la vapeur qui y étoit renfermé perd de ſa force en raiſon de la grandeur de l'eſpace où elle trouve à s'étendre; qu'ainſi la force d'une même quantité de vapeur eſt en raiſon inverſe des eſpaces qu'elle occupe. Si donc la capacité de l'alembic eſt *ſix*, & que l'eſpace vuide que laiſſe le piſton en s'élevant dans le cylindre ſoit *un*, la force de la vapeur contenue dans l'alembic ſera à la force qu'aura cette vapeur étendue dans le cylindre comme 7 eſt à 6.

Connoiſſant cette propriété, conſidérons que pour donner au piſton un mouvement uniforme, ou bien un même degré de vîteſſe dans chaque inſtant de ſon aſcenſion, il faudroit que la force de la vapeur qui le ſoulève fût conſtamment la même; qu'ainſi elle agît contre ce piſton lorſqu'il eſt arrivé au haut de ſon jeu, avec la même force qu'elle a lorſqu'elle eſt renfermée dans l'alembic. Pour que cela fût, il faudroit que l'eſpace que le piſton laiſſe dans le cylindre fût infiniment petit par rapport à la capacité de l'alembic ; comme cet eſpace eſt fini, il faudroit donc que l'alembic fût infiniment grand, ce qui n'eſt pas faiſable.

Second moyen.

L'alembic devant avoir une capacité finie, le piſton doit donc ſe mouvoir avec une vîteſſe uniformément retardée.

Cela étant, il eſt aiſé de voir que moins le piſton aura perdu de ſa vîteſſe lorſqu'il ſera parvenu au haut de ſon jeu, plus il reſtera à la vapeur de force réelle à exercer contre lui (*f*) ce qui ſera doublement déſavantageux ; premièrement, parce que, d'un côté, il s'employera plus de force qu'il n'en faut pour le porter à la hauteur requiſe, & qu'y étant arrivé, on ſera obligé d'anéantir l'excès de force qui reſte à la vapeur, lequel ſera par conſéquent en pure perte. Secondement, parce que la capacité de l'alembic devant être augmentée en raiſon de cet

(*f*) J'appelle force réelle l'excès de force de la vapeur ſur la réſiſtance de l'atmoſphère.

excès de force, elle contiendra une d'autant plus grande masse de vapeur sans effet.

Les défauts des trop grands alembics ne se bornent pas aux précédens, on peut encore y ajouter que, plus ils ont de capacité, plus il leur faut de tems pour se remplir de vapeur, tems pendant lequel la machine ne peut jouer, & le feu doit brûler sans effet immédiat.

De plus, comme à chaque impulsion il n'y a qu'une partie constante de la vapeur contenue dans l'alembic qui se dépense, plus sa masse totale surpasse cette quantité, plus il en reste d'inactive dans l'alembic, & plus il y en a en pure perte lorsque la machine cesse de jouer.

On gagne donc à tous égards en proportionnant la capacité de l'alembic de manière qu'il ne reste à la vapeur aucune force réelle contre le piston, lorsqu'il est arrivé au haut de son jeu; car alors cet alembic se trouve avoir la seule capacité nécessaire & la moindre qu'on puisse lui donner.

De là nous concluons que le troisième moyen est celui qui ménage le plus la vapeur; qu'ainsi le piston doit être poussé d'un mouvement uniformément retardé, & tel qu'après avoir atteint le haut de son jeu, la force que cette vapeur exerce contre lui soit en équilibre avec la preſſion verticale qui s'oppoſe à ſa montée.

On parviendra à régler les dimenſions de l'alembic qui doit remplir ces conditions par la voie ſuivante.

Des proportions de l'Alembic.

21. Le piſton devant monter dans le cylindre d'un mouvement uniformément retardé, dans le même tems & à une hauteur égale à la profondeur où les piſtons des pompes deſcendent d'un mouvement uniformément accéléré; pour que cela aye lieu, il faut néceſſairement que le piſton du cylindre commence à s'élever avec la même vîteſſe qu'ont les piſtons des pompes à la fin de leur chute.

Commençons par chercher l'expreſſion de cette vîteſſe; à cet effet, au lieu de x, ſurcharge des piſtons, ſubſtituons ſa valeur $\sqrt{Pm} - p$ dans l'expreſſion $\frac{dt^2 \times (x+p-m)}{1^2(x+p)}$ de la profondeur où deſcendent les piſtons des pompes, (*voyez* cette expreſſion, art. 6) nous aurons $\frac{dt^2 \times \sqrt{Pm} - m}{1^2 \sqrt{Pm}}$ pour l'eſpace que les piſtons parcourent dans leur deſcente.

Imaginons enſuite un plan incliné dont la

longueur AB, repréſente la peſanteur abſolue $\sqrt{Pm}$ des attirails ; la hauteur A C, leur peſanteur relative $\sqrt{Pm} - m$;

Ce plan ſera celui le long duquel un grave deſcendra avec la même vîteſſe que les piſtons des pompes, puiſque leurs peſanteurs abſolues ſont dans le même rapport que leurs peſanteurs relatives.

Soit fait AN égal à l'eſpace que parcourent les piſtons des pompes dans leur deſcente, c'eſt-à-dire à $\frac{dt^2 \times (\sqrt{Pm} - m)}{1^2 \sqrt{Pm}}$ & mené ND parallele à BC; les triangles ABC, AND étant ſemblables donnent AB : AN :: AC : AD $= \frac{AN \times AC}{AB} = \frac{dt^2 \times (\sqrt{Pm} - m)^2}{1^2 \times Pm}$, qui eſt la hauteur dont un corps étant tombé librement auroit acquis la même vîteſſe qu'ont les piſtons des pompes à la fin de leur chute ; comme cette vîteſſe s'exprime par la racine quarrée de cette hauteur, elle ſera $\frac{t}{1}(\sqrt{Pm} - m) \times \sqrt{\frac{d}{Pm}}$ vîteſſe avec laquelle le piſton doit commencer à s'élever dans le cylindre.

22. La force de la vapeur & le poids de l'atmoſphère pouvant s'évaluer par celui d'une co-

lonne d'eau de hauteur proportionnelle, nous nommerons H la hauteur de la colonne équivalente à la force de la vapeur dans l'alembic, & h la hauteur de celle équivalente à la pression verticale qui s'oppose à la montée du piston du cylindre.

Comme des hauteurs égales donnent des vîtesses égales, il est clair que la force réelle de la vapeur, ou la colonne d'eau dont la hauteur seroit $H - h$, devant produire la même vîtesse que la hauteur A N qui est $\frac{dt^2 \times (\sqrt{Pm} - m)^2}{1^2 \times Pm}$, ces deux hauteurs doivent être égales; ainsi on a l'équation $H - h = \frac{dt^2 \times (\sqrt{Pm} - m)^2}{1^2 \times Pm}$

de laquelle on tire $H = h + \frac{dt^2 \times (\sqrt{Pm} - m)^2}{1^2 \times Pm}$.

L'on a donc de connu la force que la vapeur doit avoir dans l'alembic, & par conséquent celle qu'elle doit exercer contre le piston à l'instant où le régulateur s'ouvre.

23. Soit Z la capacité inconnue de l'alembic; b la surface trouvée que doit avoir le piston du cylindre pour servir de base à la colonne d'air qui met les pompes en jeu; multipliant cette surface b par $\frac{dt^2 \times (\sqrt{Pm} - m)}{1^2 \sqrt{Pm}}$ espace que

le piston parcourt dans son ascension, on aura pour l'espace vuide qu'il laisse dans le cylindre & que la vapeur y occupe, l'expression $\frac{bdt^2 \times (\sqrt{Pm} - m)}{1^2 \sqrt{Pm}}$: ajoutant à cet espace celui Z que renferme l'alembic, on aura pour l'espace où la vapeur se trouve répandue lorsque le piston est au haut de son jeu,

$$Z + \frac{bdt^2 \times (\sqrt{Pm} - m)}{1^2 \sqrt{Pm}}$$

24. La force d'une même quantité de vapeur étant en raison inverse des espaces qu'elle occupe, on aura cette proportion $Z + \frac{bdt^2 \times (\sqrt{Pm} - m)}{1^2 \sqrt{Pm}}$ espace qu'occupe la vapeur de l'alembic répandue dans le cylindre, est à Z, espace qu'elle occupoit dans cet alembic, comme $b + \frac{dt^2 \times (\sqrt{Pm} - m)^2}{1^2 \times Pm}$ force de la vapeur qui y étoit renfermée, est au 4eme terme $\frac{Zdt^2 \times (\sqrt{Pm} - m)^2 + 1^2 \times ZbPm}{1^2 \times ZPm + bdt^2 \times \sqrt{Pm} \times (\sqrt{Pm} - m)}$ qui sera la force que cette même vapeur aura après s'être étendue dans le cylindre; c'est-à-

dire celle qu'elle exercera contre le piſton lorſqu'il ſera parvenu au haut de ſon jeu ; mais, comme nous l'avons dit ci-deſſus, cette force doit alors être anéantie : pour que cela ſoit, elle devra donc faire équilibre avec le poids de la colonne d'eau équivalente au poids de l'atmoſphère, du piſton, de l'eau qui le recouvre & de ſon frottement contre les parois du cylindre ; ce qui donnera l'équation

$$h = \frac{Z\,d\,t^2 \times (\sqrt{Pm} - m)^2 + 1^2 \times Z\,h\,P\,m}{1^2 \times Z\,P\,m + b\,d\,t^2 \sqrt{Pm} \times (\sqrt{Pm} - m)}$$

d'où l'on tire $Z = \frac{b\,h \times \sqrt{Pm}}{\sqrt{Pm} - m}$

Laquelle valeur exprime la capacité que doit avoir l'alembic pour produire l'élévation déſirée du piſton avec la plus grande économie de vapeur.

25. Quant à la figure, celle des alembics n'eſt ſoumiſe à d'autres loix qu'à celle de la commodité & de l'épargne de matiere ; celle-ci indique que, ſous la moindre ſurface poſſible, l'alembic doit contenir la maſſe de vapeur néceſſaire ; or la forme en dôme eſt celle qui ſatisfait à ces conditions.

Remarque.

REMARQUE.

26. On accuſera peut-être d'inexactitude le calcul précédent, en ce que nous avons conſidéré la quantité de vapeur qui ſe trouve dans l'alembic au moment où le régulateur s'ouvre, comme ne recevant aucune augmentation pendant le tems qu'elle s'étend dans le cylindre, ce qui en effet n'eſt pas vrai, parce que l'eau, continuant de bouillir pendant ce tems, fournit de la nouvelle vapeur qui répare en partie celle que perd l'alembic.

Quoiqu'on eût pu aiſément éviter ce reproche en introduiſant dans la formule ci-deſſus l'expreſſion de cette reproduction de vapeur qui a lieu pendant que le régulateur reſte ouvert ; on s'eſt néanmoins cru autoriſé à l'omettre par les raiſons ſuivantes.

1°. On a ſuppoſé que la vapeur ſe répand partout avec une égalité parfaite, de façon que ſous le piſton parvenu au haut de ſon jeu elle aye la même denſité qu'au fond de l'alembic, choſe qui n'arrive pas; car le paſſage étroit du collet par lequel elle eſt obligée de s'évader pour paſſer dans le cylindre, fait que dans le court eſpace de tems dans lequel cette tranſition a lieu, la vapeur reſte toujours un peu plus forte dans l'alembic que dans le cylindre.

2°. On a négligé de tenir compte de la capacité du collet & de celle de la partie inférieure du cylindre où le piston ne doit jamais descendre, tant à cause de la saillie du collet par dessus le fond du cylindre, que de celle du bout du tuyau d'injection ; or ces divers espaces que la vapeur doit aussi occuper, peuvent absorber cette reproduction.

3°. Enfin on a supposé qu'en passant de l'alembic dans le cylindre elle ne rencontroit aucun corps moins chauds qu'elle, qui puissent lui faire perdre de sa force : c'est ce qui n'a pas lieu ; le collet, & encore plus le cylindre, ont leur parois moins chauds que l'alembic ; le cylindre & son piston sont à chaque impulsion refroidis par l'injection ; outre ce contact la vapeur a encore celui de l'eau d'injection qui recouvre le fond du cylindre, & dont la température est moins chaude que la sienne : toutes ces causes inappréciables lui font perdre de son efficacité à un point qui non-seulement égale, mais même surpasse l'effet de la reproduction de vapeur qui a lieu pendant que le régulateur est ouvert. Pour ôter tout doute sur cet objet, considérons l'accord qu'a ce principe avec les machines de Savery, les plus parfaites qui existent.

Parallèle d'une Machine conſtruite ſur ce principe, avec les Machines les plus parfaites qui exiſtent.

27. Celle du Bois-Boſſu, décrite dans l'Encyclopédie de Paris, & la nouvelle Machine de Freſne, dont parle M. l'Abbé *Boſſut* dans ſon *Hydraudinamique*, étant réputées pour être des plus parfaites ; examinons ſi la proportion qui eſt entre la capacité de leur alembic & l'eſpace que laiſſe dans le cylindre le jeu d'aſcenſion du piſton, eſt établie ſur les principes que nous venons de poſer : c'eſt-à-dire, ſi la capacité de leur alembic eſt tellement combinée avec l'eſpace qu'occupe la vapeur lorſqu'elle eſt étendue dans le cylindre ; que la force qu'exerce cette vapeur contre le piſton arrivé au haut de ſon jeu, ſoit en équilibre ou égale à la réſiſtance qu'éprouve ce piſton à s'élever.

Commençons par la Machine du Bois-Boſſu : ſon cylindre a 30 ½ pouces de diamètre ; le piſton 6 pieds de jeu, ainſi ſon aſcenſion forme dans le cylindre un vuide de 32 pieds cubes.

L'alembic a 4 pieds de fleche, & 9 ½ pieds de diamètre à la baſe ; il eſt formé en dôme ſurbaiſſé, ainſi ſa capacité eſt d'environ 190 pieds cubes. Pendant que le régulateur eſt fermé, la force de la vapeur dans l'alembic eſt ordinairement équivalente au poids d'une colonne d'eau de 39 pieds de haut, ce dont on juge avec certitude, parce qu'alors elle fait monter l'eau de 7 à 8 pieds dans le tuyau nourricier (*g*).

L'eſpace où la vapeur eſt étendue lorſque le piſton eſt au plus haut point de ſon élévation, eſt de 222 pieds cubes : pour trouver la force que la vapeur exerce alors contre lui, il faut ſe rappeller que les forces d'une même quantité de vapeur ſont en raiſon inverſe des eſpaces qu'elle occupe, & en conſéquence faire cette proportion, 222 : 190 :: 39 : à la force avec laquelle elle ſoulève le piſton, laquelle ſe trouve = 33 ½ (*h*).

Cette force trouvée, voyons quels ſont les obſtacles qui s'oppoſent à l'élévation du piſton?

(*g*) La force de la vapeur fait équilibre à la preſſion de l'atmoſphère & au poids d'une colonne d'eau de 7 à 8 pieds de haut; comme la preſſion de l'atmoſphère eſt équivalente au poids d'une colonne d'eau de 31 pieds de haut, il s'enſuit que la force de la vapeur eſt à la preſſion de l'atmoſphère comme 39 eſt à 31 environ.

(*h*) C'eſt de cette augmentation & diminution alternative de la force de la vapeur pendant que le régulateur eſt fermé & pendant qu'il eſt ouvert, que vient cette eſpèce de reſpiration de l'alembic qui ſe manifeſte par la fumée qui ſort de ſes joints imperceptibles; cette fumée eſt alternative comme l'haleine des animaux.

Ce ſont, ſon frottement contre les parois du cylindre, ſon poids, celui de l'eau qui coule ſans ceſſe ſur lui pour en humecter les cuirs & le recouvre conſtamment ſur une hauteur d'au moins un pied, enfin la preſſion de l'atmoſphère.

Or le piſton ayant au moins un pouce d'épaiſſeur de métal, chaque pied quarré de ſa ſurface équivaut en peſanteur à environ un pied cube d'eau, ce que l'on augmentera d'un tiers à cauſe du poids de ſa tige; la colonne d'air qui peſe ſur lui équivaut environ à une colonne d'eau de 31 pieds de haut : ainſi le poids du piſton & de ſa tige, celui de l'eau qui le recouvre & celui de l'atmoſphère, ſont enſemble équivalent au poids d'une colonne d'eau de $33\frac{1}{3}$ pieds : ſi l'on évalue le frottement du piſton à 60 livres, il équivaudra à $\frac{1}{6}$ de pied de hauteur d'eau (*i*) qui ajoutée à la précédente donnera $33\frac{1}{2}$ pour la réſiſtance qui s'oppoſe à l'élévation du piſton; comme elle eſt preſqu'égale à $33\frac{1}{3}$ trouvé pour la force de la vapeur étendue dans

(*i*) La ſurface du piſton eſt de $5\frac{1}{3}$ pieds quarrés ſur leſquels 60 liv. d'eau uniformément répandue, ont environ 2 pouces ou $\frac{1}{6}$ de pied de hauteur; ainſi le frottement du piſton équivaut à une colonne d'eau qui auroit cette hauteur & pour baſe celle du piſton.

le cylindre, cela fait voir que dans la Machine du Bois-Bossu la capacité de l'alembic est proportionnée selon les principes que nous avons établis. Passons maintenant à examiner celle de Fresne.

28. Le cylindre a 44 pouces de diamètre, le piston 6 pieds de jeu, ce qui forme dans le cylindre un vuide de 62 pieds cubes, où la vapeur s'étend.

L'alembic a 4 pieds de haut & 13 de diamètre à la base, il est formé en dôme surbaissé à peu près en anse de panier, ainsi sa capacité est d'environ 354 pieds cubes ; la force de la vapeur est comme ci-devant 39 ; comme lorsque la vapeur est étendue dans le cylindre, elle occupe un espace de 416 pieds cubes, on fera la proportion 416 ; 354 :: 39 est au 4eme terme qui sera 33 $\frac{1}{5}$, force qu'exerce la vapeur contre le piston lorsqu'il est parvenu au haut de son jeu.

La hauteur de la colonne résistante étant aussi à peu près de 33 $\frac{1}{2}$ comme dans le cas précédent, l'on voit que la capacité de l'alembic de cette machine est aussi proportionnée selon les principes que nous avons posés ; c'est-à-dire que la vapeur exerce contre le piston arrivé au haut de son jeu, une force égale à la pression verticale que ce piston éprouve.

Affurés de la bonté de la formule donnée, continuons nos recherches.

Des tuyaux qui fortent du chapiteau de l'Alembic.

29. Entr'autres tuyaux, le ciel de l'alembic eft muni d'un côté 9, qui eft vertical & fort court; à fon fommet, il a une foupape, nommée *ventoufe*, dont l'office eft d'indiquer au conducteur le moment où la vapeur de l'alembic a acquife le degré de force néceffaire au jeu de la machine.

Pour que cette foupape rempliffe cet office, il faut que fa furface fupérieure expofée à l'air, foit à fa furface horizontale inférieure expofée à la vapeur, dans le rapport inverfe des preffions qui s'exercent contre ces furfaces.

Or la furface inférieure de la ventoufe eft pouffée de bas en haut par la force de la vapeur renfermée dans l'alembic, laquelle force a été trouvée devoir être

$$= h + \frac{d t^2 \times (\sqrt{\mathrm{P} m} - m)^2}{1^2 \times \mathrm{P} m}$$

La furface fupérieure de cette ventoufe eft preffée par le poids h de l'atmofphère : pour qu'il y ait équilibre entre ces deux forces, elles doivent être en raifon inverfe de l'étendue des surfaces sur lesquelles elles agissent : c'est-à-dire, que la surface supérieure de la ventouse doit être à celle inférieure, réciproquement comme la pression $h + \frac{d t^2 \times (\sqrt{Pm} - m)^2}{1^2 \times Pm}$ que la vapeur de l'alembic exerce sur celle-ci, est à la pression verticale h que l'atmosphère exerce sur la première : moyennant cette proportion, il est clair que dès que la force de la vapeur deviendra tant soit peu plus grande que celle nécessaire, l'équilibre entre ces pressions sera rompu, la vapeur soulevera la soupape & donnera au conducteur le signal desiré pour faire jouer la machine : cette soupape aura encore l'avantage de procurer de tems en tems une échappée à la vapeur & d'empêcher, lorsqu'elle augmente de force, qu'elle ne fasse crever l'alembic.

Quoique le diamètre de ce tuyau soit arbitraire, on a cependant coutume de ne lui donner que 4 pouces d'ouverture en quarré.

30. Quant aux autres tuyaux, celui 10, 10, nommé *cheminée*, peut avoir sa soupape construite sur les mêmes principes ; observant seulement qu'étant destiné à évacuer totalement la vapeur de l'alembic lorsqu'on veut arrêter la machine, sa soupape doit se lever avec moins

de facilité que la ventouse ; ainsi la surface supérieure de cette soupape doit avoir à celle inférieure pressée par la vapeur, une raison tant soit peu plus grande que la précédente : ou si la raison est la même, on doit la charger de plomb pour qu'elle ne puisse s'élever qu'à l'aide de la main (k).

31. Le diamètre du tuyau nourricier est aussi indéterminé, on le fait ordinairement de 1 $\frac{1}{2}$ pouces, ou tout au plus de 2 : la hauteur de ce tuyau doit être plus grande que celle de la colonne d'eau qui exprime l'excès de la force de la vapeur sur la pression de l'atmosphère ; par conséquent un peu plus grande que $H - h$, & cette hauteur doit être prise depuis la surface

---

(k) La valeur de h est ici le poids d'une colonne d'eau qui auroit pour base la surface supérieure de la ventouse, & pour hauteur celle réduite formée & par la pression de l'atmosphère & par la pesanteur de la ventouse.

Comme plus il y a de vapeur dispersée dans les différens tuyaux 77, 10 10, & 5 qui communiquent avec l'alembic, plus la surface des parois non chauffés est grande, ainsi plus cette vapeur souffre de refroidissement : on voit qu'il est avantageux de ne disperser la vapeur que le moins possible, ce que l'on obtiendra en faisant ces tuyaux très-courts, plaçant le robinet m fort près de l'alembic, & en en mettant un à la cheminée au lieu de soupape.

de l'eau de la chaudière jufqu'au haut de ce tuyau ; il doit defcendre dans l'eau de la chaudière de 10 à 12 pouces pour fe trouver au deffous du bouillonnement de l'eau & n'avoir jamais de communication avec fa vapeur.

32. Quant aux tuyaux d'épreuve 11, 12, leur diamètre eft auffi indéterminé ; il n'en eft pas de même de leur hauteur au deffus de l'alembic, laquelle doit être feulement fuffifante à recevoir un robinet ; mais la profondeur à laquelle ces deux tuyaux doivent pénétrer dans l'alembic a fes limites ; comme l'un d'eux doit donner de la vapeur jufqu'à la profondeur de 3 pouces par deffus les rebords de la chaudière ou fond de l'alembic, hauteur que l'eau doit avoir afin d'en recouvrir ces bords; & que l'autre tuyau doit donner de l'eau à environ 3 pouces par deffus le fond de l'alembic , l'on voit que l'un de ces tuyaux doit fe terminer à 3 ou 4 pouces , & l'autre à 1 ou 2 pouces par deffus le fond de l'alembic.

De la Chaudière.

33. La chaudière doit préfenter une affez grande furface d'eau pour que l'évaporation, pendant que le régulateur eft fermé, foit égale à la quantité de vapeur que dépenfe la machine lorfque le régulateur eft ouvert.

Pour nous appuyer ſur l'expérience, partons des effets conſtatés que produiſent les chaudières des machines à feu exiſtantes : les prenant pour baſes, il ſera facile d'aſſigner les dimenſions à donner aux chaudières d'une machine d'une grandeur quelconque.

La nouvelle machine de Freſne citée ci-deſſus donne 15 impulſions par minute ; ainſi chaque impulſion dure 4 ſecondes, dont une moitié eſt pour le tems que le piſton monte & que le régulateur eſt ouvert, l'autre pour le tems qu'il deſcend & que le régulateur eſt fermé : or pendant environ ces deux ſecondes que le régulateur eſt fermé, la chaudière produit les 62 pieds cubes de vapeur que le cylindre dépenſe (*).

L'eau de cette chaudière déborde ſur toute la baſe de l'alembic qu'elle recouvre ſur 2 à 3 pouces de hauteur : cette baſe circulaire a 13 pieds de diamètre ; ainſi la ſurface d'eau qui produit l'évaporation eſt de 132 pieds quarrés.

(*) Quoique, outre ces 62 pieds cubes de vapeur, la chaudière produiſe encore tout ce qui s'en perd & par la tranſpiration de l'alembic & des tuyaux, & par le refroidiſſement du cylindre, comme cette perte eſt inappréciable, & qu'elle ſemble proportionnelle au contenu des cylindres, on ne s'attache ici qu'à conſidérer ce contenu.

34. On ſait donc que 133 pieds quarrés de ſuperficie d'eau bouillante produiſent 31 pieds cubes de vapeur par ſeconde.

35. Pour faire uſage de cette connoiſſance, comme nous avons l'expreſſion générale de la quantité de vapeur que le cylindre dépenſe, laquelle a été trouvée $\frac{b\,d\,t^2 \times (\sqrt{P\,m} - m)}{1^2 \sqrt{P\,m}}$, il faut chercher l'expreſſion du tems pendant lequel le régulateur reſte fermé, c'eſt-à-dire de celui que le piſton employe à deſcendre dans le cylindre de toute machine à feu en général.

Plan. I, Fig. 7. Pour la trouver, imaginons un plan incliné dont la longueur A B ſoit triple de ſa hauteur A C; cette longueur A B ſera à la hauteur A C, comme la peſanteur abſolue de la colonne d'air qui preſſe ſur le piſton, eſt à ſa peſanteur relative. Ainſi ce plan incliné ſera celui le long duquel un corps deſcendroit avec la même viteſſe que celle avec laquelle le piſton deſcend dans le vuide, en faiſant jouer la pompe; car ce corps & ce piſton ſont ſollicités par des forces relatives proportionnelles à leurs peſanteurs abſolues.

Sur ce plan incliné ſoit fait A N égal au jeu trouvé $\frac{d\,t^2 \times (\sqrt{P\,m} - m)}{1^2 \times \sqrt{P\,m}}$ du piſton, & du point N ſoit abaiſſée la perpendiculaire N D jusqu'à ce qu'elle rencontre la verticale A C prolongée ; les triangles A B C, A N D étant ſemblables donneront $AD = \frac{3dt^2 \times (\sqrt{Pm} - m)}{1^2 \times \sqrt{Pm}}$ qui ſera la hauteur dont un grave tombera librement dans le tems pendant lequel le piſton deſcend dans le cylindre.

Les eſpaces parcourus étant entr'eux comme les quarrés des tems, on aura cette proportion; l'eſpace d que parcourt dans une ſeconde un grave qui tombe librement, eſt à l'eſpace $\frac{3dt^2 \times (\sqrt{Pm} - m)}{1^2 \sqrt{Pm}}$ que ce même grave parcourra dans un tems inconnu x, comme le quarré 1^2 d'une ſeconde, eſt au quarré xx du tems cherché ; ainſi $xx = \frac{3t^2 \times (\sqrt{Pm} - m)}{\sqrt{Pm}}$ dont extrayant la racine quarrée on aura $\sqrt{\frac{3t^2 \times (\sqrt{Pm} - m)}{\sqrt{Pm}}}$ pour l'expreſſion du tems pendant lequel le régulateur eſt fermé, & la chaudière doit fournir la quantité de vapeur que le cylindre dépenſe.

36. La ſurface d'eau de la chaudière doit être

d'autant plus grande, qu'elle doit produire plus de vapeur, & d'autant plus petite que le tems pendant lequel cette production doit avoir lieu, eſt plus grand. Ainſi *les ſurfaces d'eau des chaudières, doivent être en raiſon directe des quantités de vapeur qu'elles doivent produire, & inverſe des tems pendant leſquels cette production doit avoir lieu.*

Nommant x la ſurface cherchée, on aura

$$\frac{132}{x} = \frac{\dfrac{31}{b d t^2 \times (\sqrt{Pm} - m)}}{1^2 \times \sqrt{Pm}} \times \frac{\sqrt{\dfrac{3t^2 \times (\sqrt{Pm} - m)}{\sqrt{Pm}}}}{1}$$

d'où l'on tire $x = \dfrac{132\, b\, d\, t \times (\sqrt{P\, m} - m)}{1 \times 31 \sqrt{3 m \times (P - \sqrt{P m})}}$

ſurface circulaire que doit avoir la baſe de l'alembic, & qui doit être couverte par l'eau de la chaudière.

Cette baſe déterminée, ſi l'on fait l'alembic en dôme ſurbaiſſé en anſe de panier, ſa capacité devenant égale au produit de ſa baſe par les $\frac{2}{3}$ de ſa hauteur : cette hauteur ſera exprimée par $\dfrac{1 \times 31 \times b \times \sqrt{3\, P \times (P - \sqrt{P m})}}{88\, d\, t \times (P + m - 2\sqrt{P\, m})}$

Le fond de l'alembic ne conſiſte qu'en une couronne de 12 à 15 pouces de largeur qui ſert de rebord à la chaudière, le reste de ce fond est ouvert & forme la partie supérieure de la chaudière qui ensuite va en se rétrécissant vers le fond d'environ 2 pieds. Ce rebord sert d'appui à l'alembic ; il diminue la chaudière sans diminuer la surface de l'eau bouillante, & laisse autour de cet alembic un canal ou espace dans lequel on fait circuler la fumée pour la faire coopérer à l'entretien de la chaleur du fluide.

37. Quant à la profondeur de la chaudière, elle ne doit avoir que celle nécessaire pour contenir assez d'eau pour que le feu n'en brûle pas le fond, ainsi 6 à 7 pouces dans le milieu. L'on donne à ce fond une figure convexe, parce qu'on a remarqué que cette figure transmettoit au fluide plus de chaleur que lorsque le fond étoit plat : à cet effet on peut porter la profondeur près des bords jusqu'à 1 ½ pied.

38. Quant au fourneau on lui donne la figure d'un segment de paraboloïde renversé, verticalement, on place la grille un peu au dessous de son foyer afin que les parois du fourneau réfléchissent la chaleur contre le fond de la chaudière.

La grille ne doit être éloignée de la base, ou des bords du fond de la chaudière que de 2 ou 2 ½ pieds au plus ; parce qu'on a observé que la partie la plus chaude de la flamme étoit vers le milieu de sa hauteur ; or celle-ci peut être évaluée à environ 2 pieds, dont prenant la moitié, il restera 1 pied ou 1 ½ pour la place qu'occupe le bois, ce qui est suffisant. Si les combustibles qu'on employe donnoient une flamme moins haute, il faudroit un peu rapprocher la grille de la chaudière.

REMARQUE.

39. Dans toutes les expressions que nous avons trouvées, nous avons supposé donné le tems t, pendant lequel le piston descend dans le corps de pompe ; & de là, outre les autres valeurs, nous en avons aussi déduit celle de la force H que la vapeur doit avoir dans l'alembic.

Comme on pourroit craindre que la valeur prise pour t donnât à la vapeur une force H, supérieure à celle à laquelle l'alembic peut résister ; il est à présumer que pour éviter cet inconvénient on préférera de prendre pour donnée la force H, à laquelle on sait par expérience que les alembics peuvent résister, qui est équivalente à une colonne d'eau de 39 pieds ; & que de ce donné on tirera les valeurs dont on aura besoin en se servant de l'équation

$$H = \frac{b + dt^2 \times (\sqrt{Pm} - m)^2}{1^2 \times Pm}$$

de

de laquelle on tirera $t = \frac{1 \sqrt{Pm \times (H - h)}}{\sqrt{d} \times (\sqrt{Pm} - m)}$ expreſſion du tems que le piſton employe à monter dans le cylindre.

Subſtituant cette valeur à la place de t dans l'expreſſion $\frac{dt^2 \times (\sqrt{Pm} - m)}{1^2 \times \sqrt{Pm}}$ qui eſt le jeu d'aſcenſion du piſton, on aura pour ce jeu cette autre expreſſion $\frac{(H - h) \times \sqrt{Pm},}{(\sqrt{Pm} - m)}$ & pour le tems de la deſcente du piſton dans le cylindre, celle-ci : $\left(\frac{1}{\sqrt{Pm} - m}\right) \times$

$$\sqrt{\frac{3m}{d} \times (H - h) \times (P - \sqrt{Pm})}$$

40. Quant à la capacité de l'alembic, ſon expreſſion ne ſouffre aucun changement ; il n'en eſt pas de même de la ſurface de ſa baſe, qui devient $\frac{132\, h \times \sqrt{d P m \times (H - h)}}{31 \sqrt{3\, m \times (P - \sqrt{Pm})}}$

41. Si aux lettres H, h, d on ſubſtitue les valeurs numériques 39, 31, 15, ces expreſſions deviendront

$$\left.\frac{\sqrt{8 P m}}{(\sqrt{15 P m} - m)\sqrt{15}}\right\} \text{nombre de ſecondes}$$

que le piſton employe à s'élever dans le cylindre.

$$\left.\frac{8\sqrt{Pm}}{\sqrt{Pm}-m}\right\}$$ jeu d'aſcenſion du piſton.

$$\left.\frac{2\sqrt{\frac{2m}{5}\times(P-\sqrt{Pm})}}{\sqrt{Pm}-m}\right\}$$ tems pendant lequel ſa deſcente s'exécute.

$$\left.\frac{63\,b\sqrt{Pm}}{2(\sqrt{Pm}-m)}\right\}$$ capacité que doit avoir l'alembic.

$$\left.\frac{264\,b\sqrt{30\,Pm}}{31\sqrt{3m\times(P-\sqrt{Pm})}}\right\}$$ ſurface de la baſe de l'alembic.

De l'Injection.

42. Si juſqu'ici l'on a déterminé les loix ſuivant leſquelles chaque partie d'une machine à feu doit opérer, & les proportions qu'elle doit avoir pour produire le plus grand effet, on voit avec regret qu'on ne peut ſe flatter du même ſuccès, lorſqu'on entreprend de fixer la proportion qu'il doit y avoir entre la quantité de vapeur à condenſer dans le cylindre (*l*) &

(*l*) Par quantité de vapeur, on n'entend pas ici le volume qu'elle occupe, mais la ſomme des molécules la quantité d'eau à y injecter, pour opérer cette condensation.

En examinant cet objet avec attention, on apperçoit 1°. que chaque molécule d'eau injectée ne cesse de condenser la vapeur tant que cette molécule est plus froide que cette vapeur; qu'ainsi cette eau ne perd son action sur la vapeur que quand la quantité qu'elle en a absorbée lui a donné un degré de chaleur presqu'égal à celui de la vapeur qui l'environne: 2°. que cette condensation doit se faire d'autant plus rapidement, qu'il y a plus de différence entre la température de l'eau d'injection & celle de la vapeur, & *vice versa.*

Comme plus l'eau injectée sera froide, plus elle absorbera de vapeur avant de recevoir le même degré de chaleur que celle-ci, on en conclut que plus l'eau d'injection sera froide, moins il en faudra pour condenser une même quantité de vapeur, & que par conséquent *les quantités d'eau à injecter, sont en raison inverse*

---

de vapeur, laquelle somme peut-être répandue dans des espaces différens, & former un plus ou moins grand volume sans qu'il y ait de changemens dans la quantité des molécules, chacune de celle-ci occupant un plus ou moins grand espace, selon qu'elle trouve plus ou moins à s'étendre.

de leur excès de froideur ſur la chaleur de la vapeur.

43. Plus la force de la vapeur, ou la ſomme de ſes molécules compriſes ſous un même volume, ſera grande, plus l'injection devra être copieuſe ; car ſi pour être abſorbées, dix mille molécules exigent une particule d'eau froide, il eſt clair que ſi ſous un même volume on a vingt mille molécules de vapeur, ces vingt milles molécules ſe trouvant reſſerrées dans un eſpace qui n'eſt que la moitié ds celui qu'occupoient les premières, il faudra deux particules d'eau froide pour les condenſer. D'où il ſuit que *les quantités d'eau injectée, doivent être en raiſon directe de la force de la vapeur ;* ainſi joignant ces deux propriétés on aura ce principe: *les quantités d'eau à injecter, doivent être en raiſon inverſe de leur excès de froid ſur la chaleur de la vapeur, & directe de la force de cette vapeur.*

Quant au tems pendant lequel la condenſation s'effectue, & que l'injection doit durer, on apperçoit:

1°. Que plus il y a d'eau injectée dans un même tems, plus la condenſation ſe fait promptement ; cela eſt naturel, car dans le même tems il y a un plus grand nombre de molécules d'eau froide en action.

2°. Que la condenſation n'ayant lieu que par l'attouchement des particules d'eau avec la vapeur, plus l'eau injectée préſentera de ſurface à celle-ci, plus cet attouchement ſera étendu, & plus par conſéquent il y aura de molécules de vapeur abſorbées dans ce même tems, d'où naîtra encore plus de promptitude dans la condenſation ; de là nous tirons ce principe: *les tems que doivent durer les injections, ſont en raiſon inverſe des quantités d'eau injectées & des grandeurs des ſurfaces ſous leſquelles cette eau ſe préſente à la vapeur.*

44. La quantité d'eau deſtinée pour l'injection devant être élevée par la machine à feu; cette eau fera partie du poids P; ainſi elle ſera elevée aux dépens de la colonne d'eau que l'on puiſe ; pour diminuer cet inconvénient, & faire que la machine produiſe le plus grand effet, il ne faut donc employer d'eau d'injection que la moindre quantité poſſible.

Or nous avons vu ci-deſſus que plus l'eau d'injection eſt froide moins il en faut, il s'enſuit donc que pour le plus grand effet de la machine, on doit employer l'eau la plus froide; & que ſi l'on n'en avoit pas de cette température, il faudroit s'étudier à la refroidir par tous les moyens que l'art peut fournir, & qui peuvent être applicables à ce cas.

D'accord avec ces reflexions, l'expérience montre que les machines à feu font un plus grand effet l'hiver que l'été ; non seulement parce que l'eau étant alors très-froide opére plus promptement & plus complétement la condensation, mais encore parce que l'air étant plus élastique, la colonne qui presse sur le piston agit avec plus de force. On a encore remarqué que lorsque le baromètre est fort haut, l'eau de la chaudiere s'échauffoit plus difficilement, mais qu'en revanche elle étoit susceptible d'un plus grand degré de chaleur.

45. Quant au tems nécessaire pour effectuer la condensation, on a vu qu'il est d'autant plus court, que la quantité d'eau injectée est plus grande, & qu'elle présente à la vapeur une plus grande surface ; or cette dernière condition exige 1°. que la petite colonne d'eau aie la plus grande superficie : ce qui aura lieu si on fait l'œil de l'ajutage parallelogrammique & non circulaire, comme on l'a fait jusqu'ici, parce qu'un jet cylindrique présente son volume sous la plus petite surface. 2°. Que le jet aille frapper avec force contre le piston, pour se briser & retomber en pluie, & que l'eau dans sa chûte partagée en petites goutes, présente à la vapeur la plus grande surface.

Comme l'on ignore la température de l'eau d'injection employée dans les machines exiſtantes, que l'on ne peut connoître la ſurface ſous laquelle cette eau ſe préſente à la vapeur, & qu'on ne ſait pas ſi la quantité d'eau injectée dans ſes machines n'eſt pas trop grande, ou ſi elle eſt juſtement telle qu'il la faut; on manque de donnés pour déterminer exactement la quantité d'eau néceſſaire à l'injection d'une machine quelconque.

Si malgré cette diſette de faits, on vouloit tabler ſur ce qui a lieu dans les machines à feu qui paſſent pour être les plus parfaites, & qu'on voulût adopter pour exacte la proportion qui eſt entre la quantité d'eau d'injection & la quantité de vapeur qu'elle condenſe dans leurs cylindres, pendant le tems connu que leurs régulateurs reſtent fermés, alors on pourroit ſe procurer des réſultats, ſi non rigoureux, du moins aſſez exacts pour la pratique. C'eſt ce que nous allons faire.

Prenons la machine à feu déjà citée de Bois-Boſſu; la quantité d'eau qui à chaque injection s'introduit ſous le piſton eſt d'environ 18 livres. La vapeur qu'elle condenſe a un volume de 32 pieds cubes, & une force preſqu'égale à une colonne d'eau qui en a 33, laquelle eſt la preſſion verticale qui s'exerce ſur le piſton;

l'injection durant près de deux secondes, nous pouvons considérer ce tems comme celui nécessaire à l'entière condensation de cette quantité de vapeur, avec 18 livres d'eau.

La force de la vapeur dans les cylindres des machines proposées est égale à la précédente; ainsi dans les cylindres de ces machines & dans celui de la machine de Bois-Bossu, la quantité de vapeur est proportionnelle au volume qu'elle y occupe.

Si l'on suppose que la température de l'eau qu'on veut employer est la même que celle de l'eau injectée à la machine de Bois-Bossu, il est évident que la quantité d'injection de celle-ci, sera à celle de la machine proposée, en raison directe des volumes de vapeur qui doivent être condensées, & en raison inverse des tems dans lesquels cette condensation a lieu.

Nous supposons que dans ces machines l'eau soit semblablement injectée, afin qu'elle se présente à la vapeur sous des surfaces proportionnelles à sa masse.

Nommons x la quantité d'eau d'injection cherchée, prenons l'expression $\frac{(H - h) \times \sqrt{Pm}}{\sqrt{Pm} - m}$ trouvée à l'*article* 39, multiplions-la par b pour avoir le volume de vapeur à condenser, prenons ensuite de l'*article* 41 l'expression

$$\frac{2\sqrt{\frac{2m}{5}(P-\sqrt{Pm})}}{\sqrt{Pm}-m}$$

qui est celle du tems pendant lequel la condensation doit se faire, & formons la raison composée $\frac{18}{x}=$

$$\frac{32}{\frac{b(H-h)\sqrt{Pm}}{\sqrt{Pm}-m}}\times\frac{2\sqrt{\frac{2m}{5}(P-\sqrt{Pm})}}{\frac{\sqrt{Pm}-m}{2}}$$

elle nous donnera $x=\frac{9b\sqrt{P(H-h)}}{8\sqrt{\frac{3(P-\sqrt{Pm})}{d}}}$

qui est le nombre de livres d'eau qui doit s'employer pour l'injection proposée (*m*).

(*m*) Si à la place des lettres H, *h*, *d*, on met les mêmes valeurs numériques que ci-devant, on aura

$x=\frac{9\times b\sqrt{2P}}{4\sqrt{\frac{P-\sqrt{Pm}}{5}}}$ & si au lieu de prendre pour connue la force H de la vapeur, on eût pris le tems t de la descente des pistons des pompes, on auroit eu

$$x=\frac{9\times h\,d\,t\,(\sqrt{Pm}-m)}{1^2\times 8\sqrt{3m(P-\sqrt{Pm})}}$$

46. La quantité d'eau à injecter, & le tems pendant lequel l'injection doit s'effectuer étant déterminés, il paroîtra peut-être indifférent à quelle hauteur on place la cuvette d'injection, ou quelle surface on donne à l'œil de l'ajutage; vu que l'une de ces deux choses étant prise arbitrairement, l'hydro-dynamique détermine avec facilité quelle doit être la dimension de l'autre, pour que le jet dépense la quantité d'eau requise dans le tems donné: mais les raisons que je vais alléguer feront voir que la hauteur de la cuvette & la grandeur de l'œil de l'ajutage, sont soumises à plusieurs considérations.

Le jet doit jaillir avec force pour frapper contre le piston, lorsqu'il est parvenu au haut de son jeu; cette condition exige que la cuvette soit placée plus haut que le point où le piston peut s'élever, & que sa hauteur surpasse celle du jeu de ce piston d'une quantité suffisante pour procurer au jet l'effet désiré; d'où l'on juge que l'élévation de la cuvette doit être double ou triple, & peut-être plus encore du jeu du piston.

On sera tenté de la placer encore plus haut, si on considère que rendant par-là le jet plus rapide on pourra diminuer l'œil de l'ajutage, & par conséquent le volume du jet; double raiſon pour que dans ſon choc contre le piſton, ce jet ſe diviſe, s'éparpille davantage, & par conſéquent préſente à la vapeur une plus grande ſurface qu'il n'eût fait en reſtant plus épais & moins rapide.

Mais d'un autre côté on apperçoit que plus on éleve cette cuvette, plus la colonne d'eau que l'on peut puiſer diminue; parce que l'élévation de l'eau d'injection, exigeant d'autant plus de force que la cuvette où elle doit être portée eſt haute, cette force ne pourra être employée qu'aux dépens de la colonne d'eau puiſée, ce qui diminuera ſa maſſe, & par conſéquent l'effet de la machine; cela doit donc rendre très-circonſpect ſur l'emplacement de la cuvette d'injection: nous remarquerons en paſſant que dans la machine de Savery, cette cuvette eſt élevée de 36 pieds, ce qui nous paroît beaucoup.

Etant néceſſaire que la quantité d'eau injectée ſoit conſtamment la même, pour obtenir ce but, il faut qu'au moment où chaque injection commence, l'eau de la cuvette ſoit toujours au même niveau; or un tuyau de décharge placé à la hauteur où l'on jugera à propos de tenir cette eau, remplira parfaitement cet objet.

47. Comme on doit continuellement hu-

mecter la tête du piston, tant pour entretenir la souplesse des cuirs, que pour fermer à l'air toute entrée dans le cylindre, il faudra augmenter la colonne d'eau qu'on éleve pour l'injection ; de la quantité que cet objet en exige.

Tuyaux par lesquels l'eau d'injection s'évacue.

48. L'eau d'injection devant s'évacuer après que la condensation est faite, cette évacuation s'opére par la force de la vapeur qui, pressant en tout sens, à son entrée dans le cylindre, comprime l'eau d'injection qui recouvre le fond, & la force d'entrer dans le rameau d'évacuation où elle se partage dans deux autres, dont l'un 3, 3 communique au tuyau nourricier 4, & va nourrir la chaudière, & l'autre 2, 2 va se rendre dans la citerne.

Plan. I, fig. 2 & 10.

49. Quant à ce premier tuyau 3, 3; s'il n'a point de robinet, son diamètre doit être assez petit pour qu'à chaque impulsion il ne puisse y entrer que la quantité d'eau que la chaudière dépense. On a coutume de le faire tel qu'il ne reçoive que le quart de l'eau injectée. Pour que cette proportion fût juste, il faudroit que la dépense de la chaudière fût égale au quart de l'injection; qu'ainsi la chaudière de la mamachine de Bois-bossu dépensât $4\frac{1}{2}$ livres d'eau

à chaque impulſion, ce qui eſt exhorbitant; car 4 ½ livres d'eau réduites en vapeur en produiſent au delà de 800 pieds cubes, quantité de 25 fois ſupérieure à celle 32 néceſſaire à remplir l'eſpace que laiſſe le jeu d'aſcenſion du piſton: ainſi il faudroit que le reſte 768 fût en pure perte, & abſorbé par la tranſpiration & par le refroidiſſement du cylindre: au reſte quel que ſoit le diamètre de ce tuyau 33, s'il eſt muni d'un robinet, en tournant celui-ci, on eſt à même de n'y faire paſſer que la quantité d'eau que l'on jugera ſuffiſante pour entretenir celle de la chaudière à un niveau conſtant.

50. Quant au ſecond tuyau 2, 2; ſon orifice inférieur aboutit au fond d'une petite citerne, il eſt muni d'une ſoupape recouverte de plomb; l'on entretient conſtamment l'eau de cette citerne à la hauteur de 2 ou 2 ½ pieds moyennant un tuyau de décharge; les ſurfaces de cette ſoupape doivent être proportionnées de manière que quand le cylindre eſt vuide, elle n'y laiſſe entrer ni eau, ni air, & quand la vapeur entre dans le cylindre, elle force cette ſoupape à s'élever & laiſſer paſſer l'eau d'injection dans la citerne.

Or pour obéir à ces mouvemens, la ſurface ſupérieure de cette ſoupape doit être à ſa ſurface inférieure en raiſon inverſe des preſſions qui s'exercent contr'elle.

Fig. 10. La ſurface ſupérieure de la ſoupape eſt preſſée par le poids de l'atmoſphère, plus le poids de l'eau de la citerne; ſa ſurface inférieure l'eſt par le poids de la colonne d'eau qui a pour hauteur la différence de niveau entre le fond du cylindre & le bas t de la ſoupape, plus le poids la colonne équivalente à la force de la vapeur qui eſt dans le cylindre.

Comme la force de la vapeur qui eſt dans le cylindre, varie à chaque inſtant, nous prendrons le moment où elle en a le moins, ainſi celui où elle fait équilibre au poids de l'atmoſphère; afin que pendant le tems que cette vapeur agit contre le piſton, elle puiſſe évacuer l'eau d'injection; ainſi nommant bt, l'excès de hauteur du fond du cylindre ſur le fond de la ſoupape; h la preſſion de l'atmoſphère, &, tn la hauteur de l'eau de la citerne au deſſus de la ſoupape; S, la ſurface ſupérieure de cette ſoupape; & X, ſon inférieure; on aura $S : X :: h + bt : h + tn$ ce qui donnera $X = S \times \frac{(h + tn)}{h + bt}$ d'où l'on voit que ſi tn étoit égal à bt, on auroit $X = S$; & que ſi tn étoit plus grand que bt, c'eſt-à-dire ſi la ſurface de l'eau de la citerne étoit plus élevée que le fond du cylindre, on auroit X plus grand que S ; ce qui exigeroit que la surface inférieure de la soupape fût plus grande que la supérieure ; comme cela est impossible, il s'ensuit que *la surface de l'eau de la citerne peut tout au plus être aussi haute que le fond du cylindre, mais jamais plus.*

Du Réservoir provisionel.

51. Outre qu'il doit contenir assez d'eau pour en remplir & la cuvette & la chaudière, le réservoir provisionel doit être placé de façon que quand l'alembic est plein de vapeur, & que les tuyaux d'épreuves annoncent qu'il y a trop peu d'eau dans la chaudière, on puisse encore y en faire passer. Or la vapeur presse avec toute sa force sur l'orifice du tuyau de conduite qui Fig. 10. communique de l'alembic au fond du réservoir provisionel, & s'oppose à ce que l'eau de ce tuyau entre dans la chaudière ; d'un autre côté l'atmosphère & la hauteur de l'eau de ce réservoir, pressent celle du tuyau de conduite pour passer dans l'alembic ; si l'on veut que ce dernier effet aye lieu, il faut que cette dernière pression soit supérieure à la première : ainsi soit x, la hauteur de l'eau dans le réservoir au dessus de l'orifice du tuyau de conduite ; h, le poids de l'atmosphère ; H, la force de la vapeur

dans l'alembic ; pour avoir l'équilibre il faut que $x + b = H$, & $x = H - b$, & pou que l'eau coule il faut que $x > H - b$; comme la hauteur à laquelle l'eau de la chaudière s'éleve dans le tuyau nourricier représente la valeur $H - b$, il s'ensuit que *pour pouvoir introduire l'eau du réservoir provisionnel dans la chaudière pendant que la machine joue, la surface de l'eau dans le réservoir provisionnel doit être de 5 à 6 pouces plus haute que celle à laquelle l'eau s'élève dans le tuyau nourricier.*

Des Godets.

52. Le cylindre est muni de deux godets, chacun garni d'une soupape, lesquels doivent remplir des objets différens ; un de ces godets est placé au bout du rameau 1, 1 ; les fonctions de sa soupape sont, l'une de laisser entrer de l'eau tiède dans les tuyaux qui y aboutissent ; & alors c'est à la main qui s'acquitte de cette opération, à lever cette soupape & la tenir ouverte tant que cette introduction dure ; l'autre d'empêcher que l'eau d'injection n'y passe, lorsque la vapeur du cylindre la refoule dans ces tuyaux. Pour que cette soupape fasse ces fonctions, elle doit être construite de ma-

nière que ſes ſurfaces ſupérieures & inférieures ſoient en raiſon inverſe des preſſions qu'elles ont à ſupporter.

Or la ſurface ſupérieure de cette ſoupape eſt preſſée par le poids de l'atmoſphère; la ſurface inférieure l'eſt par la force de la vapeur dans le cylindre, plus le poids de la colonne d'eau qui a pour hauteur la différence de niveau entre le fond du cylindre & la baſe de cette ſoupape: pour que cette dernière preſſion puiſſe vaincre l'autre, quand l'eau d'injection doit paſſer dans la citerne, il faut que la preſſion qu'éprouve la ſurface inférieure de cette ſoupape, ſoit un peu plus petite que celle qui s'exerce ſur ſa ſurface ſupérieure; ainſi nommant S cette ſurface ſupérieure; x, l'inférieure; H, la force de la vapeur dans l'alembic; h, celle de la colonne d'air; &, a l'excès de niveau entre le fond du cylindre & le bas de la ſoupape, on aura $x : S :: h : H + a$; d'où l'on tire $x = \frac{h\,S}{H + a}$

53. L'autre godet S eſt placé plus haut, la fonction de ſa ſoupape que l'on nomme *reniflante*, eſt toute différente de celle de la précédente; cette ſoupape doit empêcher la vapeur qui eſt dans le cylindre d'en ſortir: mais elle doit laiſſer une iſſue à l'air, & par conſé-

quent pouvoir en être ſoulevée, lorſqu'il s'en trouvera dans le cylindre, pendant que la machine jouera ou ſera prête à jouer

Quoique les fonctions de cette ſoupape paroiſſent difficiles à remplir, il eſt cependant aiſé de la mettre à même de s'en bien acquitter; à cet effet nommons S ſa ſurface ſupérieure, x ſon inférieure; H, la force de la vapeur dans l'alembic, & enfin h le poids de l'atmoſphère, je dis que ſi $x = \frac{h\,S}{H}$ la ſoupape remplira l'objet déſiré.

Car pour que cette ſoupape ne puiſſe laiſſer échapper la vapeur qui eſt dans le cylindre, il faut que cette vapeur exerce contre la ſurface inférieure de cette ſoupape, une preſſion moindre que celle que l'atmoſphère exerce ſur ſa ſurface ſupérieure. Or ſi ces ſurfaces ſont en raiſon inverſe des preſſions; celles-ci ſeront en équilibre, & la ſoupape ne ſera pas élevée par la vapeur; ce qui arrivera encore moins ſi pour l'expreſſion de la force de la vapeur dans le cylindre on prend celle la plus forte, ainſi celle H qu'à la vapeur dans l'alembic; or la valeur ci-deſſus de x, étant le réſultat de cette proportion, on en conclud que cette ſoupape ne laiſſera point paſſer de vapeur.

A préfent il faut faire voir qu'elle laiffera paffer l'air.

Lorfque l'eau d'injection ou quelqu'autre caufe aura introduit de l'air dans le cylindre, cet air fe trouvant dans ce milieu échauffé, fe dilatera, & acquerra une force bien fupérieure à celle de la vapeur; ainfi il forcera la foupape à s'élever, & auffi-tôt qu'il fe fera évacué, la colonne d'air refermera la foupape.

54. Quant au tuyau 7, il doit être immédiatement au deffus de l'eau d'injection qui couvre le fond du cylindre, parce que l'air qui eft dans l'eau d'injection, en fe dégageant lorfque la condenfation occafionne un vuide dans le cylindre, fe précipite dans ce vuide comme le vif argent dans l'eau, & va fe placer fur la furface de l'eau d'injection, où, trouvant à fa portée l'iffue 8, elle y paffe lorfque l'introduction de la vapeur dans le cylindre vient l'y obliger.

REMARQUE.

55. Je ne vois pas qu'il y ait rien à dire fur le marteau & l'étrier qui donnent le mouvement au régulateur & au robinet d'injection; chacun appercevant que la pefanteur de ce marteau doit être proportionnée aux frotemens qu'il a à vaincre dans les mouvemens qu'il produit.

Fig. 10. Il me reſte à parler du tuyau 15 & 14 qui doit évacuer le ſuperflu de l'eau qui coule ſur la tête du piſton. Comme cette évacuation n'a lieu que pendant le peu d'inſtans que le piſton eſt en haut, il faut que le diamètre de ce tuyau ſoit aſſez grand pour dans ce moment recevoir tout l'eau qui s'eſt écoulée pendant le tems de l'impulſion. Dans la machine de Bois-Boſſu ce tuyau a 4 pouces de diamètre.

Les dimenſions de toutes les parties d'une machine à feu fixées, paſſons maintenant à examiner les changemens qui arrivent à la vapeur pendant l'injection, cette recherche mène à des réſultats utiles.

Des changemens qui arrivent à la vapeur pendant l'injection.

56. Il eſt certain que la condenſation de la vapeur ne ſe fait pas dans un inſtant; car ſi cela étoit, l'injection ne devroit auſſi durer qu'un inſtant; & c'eſt ce que l'expérience dément, puiſque dans les machines connues cette injection dure environ deux ſecondes.

Il eſt auſſi certain qu'à meſure que la vapeur eſt abſorbée par l'eau injectée, la vapeur reſtante diminue de force; car ſi cela n'arrivoit pas, le piſton ne pourroit jamais deſcendre.

Nous avons trouvé que la colonne d'air qui presse sur ce piston, devoit peser une fois & demie le poids à élever P : mais la force que cette colonne exerce sur ce poids, n'est que l'excès de sa pression sur celle que lui oppose la vapeur renfermée dans le cylindre; ainsi pour que le piston commence à descendre, & à élever le poids P, il faut que cet excès soit supérieur à ce poids; ce qui arrivera quand, par la condensation, la vapeur aura perdu un peu plus des $\frac{2}{3}$ de sa force : ou ce qui revient au même, quand il y aura un peu plus des $\frac{2}{3}$ de cette vapeur de condensé.

Cela est hors de doute; car lorsque par la condensation la vapeur aura perdu seulement les $\frac{2}{3}$ de sa force primitivement égale à la pression verticale qui s'exerce sur le piston, il lui restera encore une force égale au tiers de cette pression & directement opposée; la colonne d'air qui pressera le piston dont cette force détruit $\frac{1}{3}$ n'agira qu'avec les $\frac{2}{3}$ de la sienne; par conséquent avec un poids égal à celui P, il y aura donc équilibre, & point de mouvement; le piston sera sur le point de descendre & d'élever l'eau : mais ne pourra pas encore le faire.

57. Puisqu'il doit y avoir plus des $\frac{2}{3}$ de la vapeur de condensé dans le cylindre, pour que le piston de celui-ci puisse descendre; & que

cette condenſation ne ſe fait pas dans un inſtant, il s'écoulera néceſſairement un certain tems avant qu'elle ſoit effectuée ; or que fera ce piſton pendant ce tems ? fera-t-il une pauſe pour attendre que cette condenſation ſoit faite ? non, celui de la pompe ne le lui permet pas ; car comme il l'a alors atteint dans ſa courſe, & que par ſa chûte il a acquis une grande quantité de mouvement, il la lui communiquera, l'entraînera en haut en partageant ſa force avec lui & ſe mouvant également, juſqu'à ce que la condenſation de la vapeur ſoit arrivée au point néceſſaire pour procurer à la colonne d'air la prépondérance ſur le poids ; alors le piſton deſcendra & élevera l'eau dans la pompe.

Or le jeu des piſtons ainſi que le tems qu'ils employeront à le parcourir, ſera dans ce cas un peu plus grand que celui que l'on déſiroit ; & ce jeu ne s'exécutera pas en entier par un mouvement uniformément accéléré : mais par un mouvement mixte qui ſera accéléré juſqu'à ce que les piſtons ſe ſoient rencontrés dans leur courſe, & enſuite retardé par le poids de l'atmoſphère qui exerce ſur le piſton du cylindre une preſſion dont l'efficacité ou la force réelle augmente ſait à ſait que l'injection en condenſant la vapeur en diminue la force : mais ſelon quelle loi cette vîteſſe des piſtons des pompes ſera-t-elle retardée ? c'eſt ce qu'on ne ſauroit déterminer, à moins qu'on ne connût celle ſuivant laquelle l'injection diminue ſucceſſivement la force de la vapeur.

Quoique privé de cette connoiſſance, on peut cependant tirer beaucoup d'avantages des formules données, ſi, eu égard à ce que les cauſes précédentes augmentent le tems pendant lequel ſe fait & le jeu du piſton du cylindre & celui des piſtons des pompes, au lieu du tems entier, ou au lieu de la force entière H de la vapeur, on a l'attention d'introduire dans les formules une valeur plus petite de $\frac{1}{5}$ ou de $\frac{1}{6}$ que cette force; alors le jeu de la machine ſera très-approchant de celui que l'on veut avoir, & on pourra toujours le régler avec juſteſſe par le moyen des chevilles mobiles qui ſont appliquées à la couliſſe, moyennant leſquelles le conducteur rend à volonté le jeu des piſtons plus grand ou plus petit, par conſéquent plus lent ou plus vif.

58. Comme les petits changemens qu'on a remarqués ci-deſſus dans le jeu des piſtons pourroient faire naître à des calculateurs trop ſcrupuleux, des doutes touchant l'utilité des formules données ; nous allons les raſſurer en leur faiſant obſerver que quoique réglés

ſur ces formules, les mouvemens du piſton ſeront cependant dans la pratique ſoumis à ces changemens, parce que quelques-unes des ſuppoſitions ſur leſquelles nous avons tablé n'étant pas exactes, ſont cauſe que le piſton du cylindre monte un peu moins vîte, & qu'il eſt par conſéquent atteint dans ſa courſe par celui de la pompe dont le mouvement s'éteint avec le ſien, après qu'il a parcouru le jeu qui lui étoit preſcrit.

En effet nous avons ſuppoſé que le régulateur ſe fermoit, & que le robinet d'injection s'ouvroit au même inſtant que le piſton étoit parvenu au haut de ſon jeu; cela n'arrive pas avec cette préciſion; car en jouant, la couliſſe ouvre le robinet d'injection l'inſtant avant que le piſton ait fini ſon jeu: or ce robinet ne s'ouvre qu'après que le régulateur eſt fermé; celui-ci doit donc s'être fermé pluſieurs inſtans avant que le piſton du cylindre ait atteint le haut de ſon jeu; mais le régulateur ſe fermant plutôt qu'on ne l'avoit ſuppoſé, il doit entrer moins de vapeur dans le cylindre; ainſi elle n'aura pas la force de pouſſer le piſton, ni ſi vîte, ni ſi haut, d'où il arrivera qu'il ſera plutôt rejoint par celui de la pompe, de la quantité de mouvement duquel il faudra qu'il profite pour achever de monter à la hauteur qui lui eſt preſcrite;

& il aura d'autant plus besoin de son aide que la force de la vapeur est, comme on l'a déjà dit, toujours fort affoiblie par le refroidissement du cylindre occasionné par l'injection & par l'air extérieur qui suit le piston dans sa descente.

Cette diminution de force de la vapeur dans le cylindre qui vient 1°. de ce qu'elle a plus d'espace à occuper que celui que laisse le jeu du piston; 2°. de ce que le régulateur se ferme avant que ce piston ait fini son jeu; 3°. du refroidissement de la vapeur dans le cylindre; cette diminution de force, dis-je, est constatée par l'expérience; elle existe, & se fait appercevoir dans les machines qui ont leur cylindre, leur jeu & leur alembic proportionnés selon les formules que nous avons établies.

Désaguillier rapporte à ce sujet d'avoir observé qu'à son entrée dans le cylindre la force de la vapeur étoit ordinairement de $\frac{1}{10}$ plus forte que la pression verticale qui s'oppose à la montée du piston, & que durant le jeu d'ascension du piston elle n'étoit jamais moindre de $\frac{1}{10}$ de cette pression.

59. Comme pour donner une formule analogue à ce mouvement mixte du piston, il faudroit tenir compte du tems qui s'écoule depuis l'instant où le robinet se ferme & où l'in-

jection commence, jusqu'a celui où le piston acheve de monter; connoître la loi suivant laquelle l'injection opère pour anéantir le jeu d'ascension, & savoir à quel degré le refroidissement du cylindre diminue la force de la vapeur: la plupart de ces choses étant indéterminables, il est évident que cette formule ne pourroit être fondée que sur des hypothèses, qu'elle auroit le désavantage d'être compliquée, & ce qui est encore pire, de n'être d'aucune utilité.

Ne pouvant donc suivre ici la nature dans ses opérations, il est bien plus sage de choisir des voies simples qui en les côtoyant menent à des résultats conformes à l'expérience & dont on puisse faire usage dans la pratique; tels sont ceux que nous offrent les formules données; les meilleures machines existantes en constatent la bonté. S'il y a une exception à faire, c'est à la formule qui exprime le tems de la descente du piston dans le cylindre, lequel est plus grand que la formule ne le donne, par des raisons que l'on tire des observations suivantes.

Le piston du cylindre commence à descendre avant que la vapeur soit entièrement condensée; pendant qu'il descend il reste donc encore de la vapeur dans le cylindre: la force de cette vapeur étant directement oppoſée à celle de la colonne d'air qui preſſe ſur le piſton, il n'y a jamais que l'excès de celle-ci ſur l'autre, qui faſſe effet ſur le poids P; d'où il ſuit, 1°. que le piſton ne pourra deſcendre auſſi librement que ſi le cylindre étoit vuide d'air; qu'ainſi il emploiera plus de tems dans ſa deſcente.

2°. Que la colonne d'air n'agiſſant pas avec toute ſa peſanteur abſolue ſur le poids à élever P, l'on doit par conſéquent être très-attentif ſur cet objet, & donner à cette colonne une aſſez grande prépondérance ſur ce poids, pour qu'elle puiſſe l'élever avec avantage, malgré la réſiſtance que lui fait la vapeur.

3°. Que la vapeur ſe condenſe plus vîte quand le piſton a commencé à deſcendre; que ce piſton ne peut deſcendre; & voici comment je le démontre.

60. Le piſton ne commence à deſcendre que lorſque la vapeur a perdu une quantité infiniment petite au delà des $\frac{2}{3}$ de ſa force; & il commence ſa deſcente avec une force accélératrice & une vîteſſe qui ſont infiniment petites. Si la condenſation de la vapeur ne ſe faiſoit qu'avec une vîteſſe égale à celle avec laquelle le piſton deſcend, l'excès de force de la colonne d'air ſur le poids P & ſur la force de la vapeur, ſe-

roit toujours infiniment petit ; puifque cette vapeur fe trouvant refferrée par la defcente du pifton dans la même proportion qu'elle s'abforbe, fa force contre le pifton feroit toujours la même. Le pifton n'étant dans ce cas pouffé que par une force accélératrice infiniment petite, ne parcourroit qu'un efpace infiniment petit dans un tems fini, ce qui eft démenti par l'expérience ; puifque le jeu de defcente du pifton s'exécute toujours dans un tems fini ; donc lorfque le pifton commence à defcendre la vapeur fe condenfe plus vîte que ce pifton ne peut la fuivre. Donc pendant l'injection la force de la vapeur contre le pifton va toujours en diminuant. Donc la force accélératrice de ce pifton va alors toujours en augmentant ; donc fon mouvement d'accélération fera celui qu'auroit un corps placé fur une furface con-

Plan. I, Fig. 9. vexe A B C : particularité fort intéreffante. Cette recherche eft fi étendue que l'on n'auroit jamais fini, fi on vouloit en parcourir tous les détails.

61. Comme une machine à feu feroit fujette à de fréquentes réparations, fes parties ayant trop à fouffrir, fi elle donnoit un trop grand nombre d'impulfions par minute, on doit éviter de leur donner un jeu trop rapide. L'expérience fait voir qu'elles font dans ce cas, lorf-

qu'elles donnent plus de seixe à dix-sept impulsions par minute ; on admettra donc cette limite pour celle de leur plus grande activité, quand même le *maximum* d'effet en exigeroit une plus grande. Ainsi chaque impulsion se fera environ en 4 secondes ; & on pourra évaluer à environ 2 secondes le tems que le piston emploie à monter dans le cylindre ; & à environ 2 secondes celui qu'il emploie à descendre, & celui pendant lequel le régulateur est fermé.

Dans ce cas on aura $t = 2$, ainsi le nombre de livres d'eau nécessaire à l'injection sera $\frac{9\,b\,d\,(\sqrt{Pm} - m)}{4\sqrt{Pm}}$, & la surface de la base de l'alembic $\frac{264\,b\,d \times (\sqrt{Pm} - m)}{31\sqrt{Pm}}$.

REMARQUE.

62. Quoiqu'on ait supposé la pression de l'atmosphère équivalente à celle d'une colonne d'eau de 31 pieds de haut, mesure de Paris, & en conséquence substitué dans les formules le nombre 31 au lieu de h, on doit cependant observer de ne prendre pour cette pression que celle désignée par la hauteur moyenne du mer-

cure dans le baromètre (*n*) à l'endroit où doit s'établir la machine ; car si celle-ci devoit s'établir à Londres où la hauteur moyenne du mercure est d'environ 27 $\frac{36}{100}$ de pouces, mesure de Paris ; le mercure ayant 13 $\frac{1}{2}$ fois plus de pesanteur que l'eau, la colonne de cette hauteur équivaut à une colonne d'eau de même base & de 30 pieds 9 pouces de hauteur. Le pied cube d'eau douce pesant 70 liv. poids de Paris, une colonne d'eau de cette hauteur sur un pied quarré de base, conséquemment la colonne d'air d'un pied quarré de base ne doit s'évaluer à Londres qu'à 2152 liv.

A Vienne en Autriche, où l'élévation moyenne du mercure est d'environ 26 $\frac{1}{2}$ pouces (toujours mesure de Paris) la pression de l'atmosphère

---

(*n*) Par hauteur moyenne du baromètre, on n'entend pas celle arithmétique ; c'est-à-dire si le mercure varie depuis 24 jusqu'à 27 pouces, que 25 $\frac{1}{2}$ sera la hauteur moyenne ; mais par cette hauteur on entend celle qui donne la quantité de mouvement moyenne ; ainsi la hauteur qui naît de la somme des hauteurs du mercure observée à chaque jour de l'an, divisée par le nombre de ces observations.

Lorsque cette hauteur est inconnue, & que l'on n'a pas le tems de faire les observations nécessaires pour la déterminer, on est obligé de se contenter de la hauteur moyenne arithmétique.

n'équivaut qu'à celle d'une colonne d'eau de 29 $\frac{81}{100}$ pieds de hauteur, ainsi le poids de l'atmosphère sur une surface d'un pied quarré est de 2086 liv.

Enfin si on avoit à établir une machine à feu sur quelques terreins fort élevés, où l'élévation moyenne du baromètre ne fût que de 25 pouces, le poids de la colonne d'air y équivaudroit celui d'une colonne d'eau de 28 $\frac{125}{1000}$ de pouces, & pour *h* il faudroit introduire cette valeur dans les formules.

Quant à la pression de l'air sur le piston du cylindre, pour la calculer on multipliera le nombre de pieds quarrés de la surface de ce piston par 1963 liv. qui est la pesanteur qu'auroit en cet endroit la colonne d'air dont la base seroit d'un pied quarré.

Pour mieux faire sentir l'importance de cette remarque, supposons que la machine à établir à chacun de ces divers endroits, doive équivaloir une puissance de 30 milliers.

Si pour le poids de la colonne d'air l'on prenoit constamment celui d'une colonne d'eau de 31 $\frac{1}{2}$ pieds de hauteur, on auroit 13 $\frac{23}{36}$ pieds quarrés pour la surface que devroit avoir le piston du cylindre, & 50 pouces pour son diamètre; mais en prenant les pesanteurs moyennes de l'atmosphère relatives à ces divers endroits, on trouve qu'à Londres le cylindre devroit avoir 50 $\frac{2}{3}$ pouces de diamètre, à Vienne 51 $\frac{1}{2}$, & qu'au dernier endroit il devroit en avoir 53; différence très-grande, parce que dans les machines à feu bien proportionnées, les effets ne sont pas entr'eux comme les diamètres des cylindres, mais bien comme les quarrés de ces diamètres.

Comme fait à fait que l'on s'éloigne du niveau de la mer le terrain va ordinairement en s'élevant, & le mercure en baissant dans le baromètre, ce qui montre que le poids de la colonne d'air diminue; on voit, sur-tout dans les pays très-élevés, qu'il est de la dernière conséquence de connoître le poids de la colonne d'air qui répond à l'endroit où la machine doit s'établir.

Observations sur le poids des Attirails.

63. Presqu'aucunes des machines à feu qui existent n'élevent la quantité d'eau qu'elles pourroient élever, la principale raison de ce défaut est le poids des attirails des pompes; il est de ces machines qui ont des dimensions égales, mais qui sont employées à puiser l'eau de puits de différentes profondeurs; plus ces puits sont profonds, plus les attirails ont dû

avoir

avoir de longueur, & par conféquent de pefanteur. En conféquence de ce furplus de poids on a diminué la colonne d'eau qu'elles avoient à élever ; témoin l'ancienne Machine de Frefne citée par Bélidor, dont le cylindre avoit 30 pouces de diamètre. Comme elle puifoit l'eau à 276 pieds de profondeur, le poids des attirails y étoit d'environ 4 mille livres ; & celui de la colonne d'eau élevée de 5462.

La Machine de Bois-Boffu dont le cylindre a 30 $\frac{1}{2}$ pouces de diamètre, puife l'eau à 242 pieds de profondeur; le poids des attirails eft d'environ 3000 livres, & celui de la colonne d'eau élevée de 6527.

On apperçoit aifément que l'eau élevée par la première machine eft, à proportion de la puiffance, moindre que celle élevée par celle-ci ; car les colonnes d'eau qu'elles élevent ayant la même vîteffe (puifque le jeu de leurs piftons eft le même, & fe fait dans le même tems), les effets font comme ces colonnes divifées par les puiffances refpectives.

Comme au lieu de ces puiffances on peut prendre les quarrés des diamètres de leurs piftons ; l'effet de la première machine fera repréfenté par $\frac{5462}{30 \times 30} = 1,52$ & celui de la feconde par $\frac{6527}{30\frac{1}{2}\times 30\frac{1}{2}} = 1,75$ qui, comme on le voit, eſt d'environ $\frac{1}{6}$ plus grand que le précédent. Il n'y a pas à douter que le poids des attirails ne ſoit en grande partie cauſe de ce défaut ; puiſque dans la première machine ce poids eſt au poids total que la puiſſance éleve, comme 8 eſt à 19, & dans la ſeconde ſeulement comme 6 à 19 : celle-ci doit donc élever plus d'eau à proportion que l'autre.

64. Lorſqu'on aura à puiſer l'eau d'une profondeur telle, que le poids des attirails ſurpaſſe celui requis pour produire le plus grand effet, le remède ſera facile ; on augmentera la puiſſance de la quantité dont le poids des attirails ſurpaſſe celui que la formule donne, en appliquant à l'extrêmité du balancier qui eſt du côté du cylindre, un poids égal à l'excès de peſanteur des attirails ſur celle qu'ils devroient avoir, pour que la machine produiſe le plus grand effet.

65. Avant d'abandonner ces recherches, il eſt bon de faire mention d'un principe généralement reçu relativement à la machine de Savery ; qui eſt que pour aider le piſton du cylindre à monter, il faut appliquer un poids à l'extrêmité du balancier qui eſt du côté des pompes, & qu'on doit régler ce poids de manière qu'il

rende uniforme la montée & la deſcente du piſton.

On a vu qu'à ſon entrée dans le cylindre la vapeur choque le piſton avec une force qui lui imprime une vîteſſe finie exprimée par $\sqrt{H - h}$ avec laquelle ce piſton commence à s'élever; comme tout poids, de quelle grandeur il puiſſe être, qu'on ſuſpendra à l'extrêmité du balancier du côté des pompes, ne commencera à tomber qu'avec une vîteſſe infiniment petite; le piſton du cylindre le devancera & n'en reſſentira d'effet, que quand par ſon accélération de vîteſſe ce poids l'aura joint dans ſa courſe. Avant cette jonction, il eſt certain & très-certain que ce poids n'aura pas la moindre influence ſur la marche du piſton du cylindre; à moins que la grandeur $H - h$ ne ſoit *zero*; ce qui n'a pas lieu dans les machines bien conſtruites.

L'idée d'attacher un poids purement dans l'intention d'aider le piſton à s'élever, ne peut être reçue pour la machine de Savery; vu que ce feroit vouloir diminuer l'effet de la puiſſance, que d'employer un poids pour procurer au piſton une aſcenſion dont la vapeur peut s'acquitter. S'il eſt ici indiſpenſable d'attacher un poids à la tige des piſtons, ce n'eſt point par cette raiſon: mais c'eſt pour obliger ceux-ci à s'enfoncer dans les corps de pompe: s'il eſt indispensable que, dans sa chûte, ce poids joigne le piston du cylindre, ce n'est pas pour l'aider à monter, mais c'est 1°. pour que la quantité de mouvement que les pistons des pompes auroient acquise au bout de leur descente, ne soit pas en pure perte; car pour pouvoir s'arrêter ces pistons devroient frapper contre un obstacle; or par leur rencontre avec le piston du cylindre ils éteignent cette quantité de mouvement en la partageant avec ce piston, ainsi sans perte d'effet: 2°, pour éviter la perte du tems qui auroit lieu dans la pause que le piston du cylindre seroit obligé de faire au haut de son jeu, si pour descendre il devoit attendre que la condensation des $\frac{2}{3}$ de la vapeur soit effectuée.

THÉORIE DES MACHINES MUES PAR LA FORCE DE LA VAPEUR DE L'EAU.

TROISIEME PARTIE.

Application de cette Théorie aux Machines à feu modernes.

LA Machine à feu de *Savery* améliorée par *Neucomen*, comme nous l'avons déjà remarqué, a ſubi divers changemens. elle a été bien perfectionnée ¶

Ayant obſervé qu'en faiſant l'injection dans le cylindre, elle le refroidiſſoit ; que ce refroidiſſement abſorboit beaucoup de vapeur, & que pour ſuffire à cette perte il falloit de plus grandes chaudières, ce qui conſumoit plus de combuſtibles; on imagina de faire l'injection hors du cylindre, de la commuer en une flaque

¶ par Mrs Wat et bolton. c'est ce dernier qui a eu en 1778 le privilège exclusif des pompes à feu de toute la france. la pompe à feu des Mrs Perier est d'après celle de bolton. peut être même les y a-t-il aidés ; car il s'en plaint beaucoup.

d'eau qui fût contenue dans un tuyau qui communiquât au cylindre : on se servit d'abord à cet effet, du tuyau qui transmet la vapeur de l'alembic dans le cylindre : comme l'eau répandue dans ce tuyau ne devoit pas entrer dans le cylindre, & que pour produire une condensation prompte, elle devoit se présenter à la vapeur sur une grande surface ; ni la longueur, ni la position verticale de ce tuyau, nommé ci-devant *Collet*, ne put plus convenir : il fallut l'allonger, & l'incliner ; mais seulement de la quantité nécessaire pour qu'en s'y élevant dans la partie basse environ à la moitié de son diamètre vertical, l'eau se répandit tout du long jusqu'à près de son embouchure dans le cylindre, sans pourtant y entrer : pour donner lieu à ce méchanisme on fut obligé de déplacer le cylindre de dessus l'alembic, & de le mettre à côté de la chaudière en l'assoyant sur le rez de chaussée : par là la cuvette d'injection se trouva pouvoir être abaissée environ à la hauteur du cylindre : le bâtiment devint moins haut & plus simple.

Il existe des machines à feu ainsi disposées, mais où la colonne d'air continue à agir sur le piston du cylindre.

Ayant encore observé qu'en faisant agir l'air sur le piston, la partie du cylindre où la vapeur s'introduit, étoit à chaque impulsion refroidie par le contact de l'eau qui recouvre le piston & plus encore par le contact immédiat de l'air qui pénètre dans cette partie en suivant le piston dans sa descente ; que ce refroidissement condensoit, déjà à son entrée dans le cylindre, une grande quantité de vapeur dont la production exigeoit encore de trop grandes chaudières; pour y remédier on imagina de fermer le cylindre hermétiquement par les deux bouts, d'en exclure l'air & de substituer à son action celle de la vapeur.

On mit donc le piston du cylindre en mouvement par la seule vapeur, qui, comme le faisoit l'atmosphère, agit constamment sur le piston, & comme elle le fait à la machine ci-dessus, s'introduit & se condense alternativement sous lui, par le moyen d'une injection pratiquée hors du cylindre.

Ayant en outre remarqué, sur-tout en hiver, que le contact de l'air sur la surface extérieure du cylindre étoit préjudiciable au degré de chaleur dans lequel il doit être constamment entretenu, pour qu'il ne fasse rien perdre de sa force à la vapeur ; on le revétit d'une chemise de maçonnerie analogue à cet effet: l'explication de la figure 14 va donner une idée nette de cette disposition.

Plan. 2, Fig. 14. H eſt le cylindre, il eſt fermé hermétiquement par en haut & par en bas, ſon fond ſupérieur eſt foré circulairement par le milieu & garni d'un canon pour recevoir exactement & laiſſer gliſſer la tige X du piſton P deſtiné à joüer dans le cylindre.

A *b* eſt un tuyau qui de l'alembic placé vers A, communique au cylindre, preſqu'à fleur de tête; *m n* eſt le tuyau incliné de *n* vers *m* où ſe fait l'injection & qui par cette raiſon ſe nomme *tuyau d'injection* : une de ſes extrémités aboutit près du fond du cylindre, l'autre ſe courbe pour aller joindre la *cuvette d'injection* E.

En *m* eſt un robinet par lequel l'eau coule dans le *tuyau d'injection*, s'y éleve juſqu'à environ la moitié de la hauteur qu'a ce tuyau en *m*, & s'y étend juſqu'à près de l'embouchure *n*.

Pour que ſous le même contour ce tuyau préſente à la vapeur la plus grande ſurface d'eau, on le fait elliptique & poſé de façon que ſon grand diamètre ſoit horizontal..

A ce tuyau aboutit un autre R qui eſt le *rameau d'évacuation*, il va ſe rendre dans la citerne.

c d eſt un tuyau qui communique aux deux premiers, il eſt deſtiné à conduire la vapeur par deſſous le piſton du cylindre en la faiſant paſſer par le *tuyau d'injection*.

En *d* eſt un robinet ſervant de régulateur pour fermer & ouvrir alternativement le paſſage à la vapeur: ce robinet & celui d'injection reçoivent, comme à la machine de Savery, leurs mouvemens des reſſorts qu'une couliſſe fait jouer: on ſent bien que la différence dans la diſpoſition de ces robinets, en entraîne dans celle de ces reſſorts.

Enfin le cylindre eſt, tant en haut qu'en bas, muni d'un godet avec une ſoupape *reniflante*: la première eſt deſtinée à évacuer l'air qui s'introduit dans le cylindre lorſque la machine ne joue pas: outre cet air la ſeconde doit encore évacuer celui que l'eau d'injection entraîne avec elle & qui s'en dégage.

Ce méchaniſme bien entendu, voyons le jeu de cette machine.

Lorſque la machine ne joue pas, le poids des attirails des pompes tient le piſton du cylindre élevé au plus haut point de ſon jeu, qui ne doit pas atteindre l'orifice *b* du tuyau A *b*.

Lorſqu'on veut faire jouer la machine, après avoir rempli la chaudière, allumé le feu &c., on ouvre le régulateur au cas qu'il ſoit fermé, la vapeur s'introduit en même tems & dans le haut du cylindre par le tuyau A *b* & dans le bas par ceux A *c d m n*, s'y met en équilibre par deſſus & par deſſous le piſton, & chaſſe par les soupapes reniflantes l'air qui étoit dans le cylindre.

Lorsque la ventouse donne au conducteur le signal de faire jouer la machine, alors d'une main il prend le régulateur & de l'autre le robinet d'injection, il ferme le premier, ensuite ouvre le second: la vapeur de l'alembic n'ayant alors plus de communication avec celle qui occupe l'espace qui est au dessous du piston, celle-ci se condense par son contact avec l'eau qui s'étend dans le tuyau *m n*, & le vuide se fait sous le piston; dès lors la vapeur qui est au dessus de lui, faisant les mêmes fonctions que l'air à celle de Savery, presse ce piston, l'oblige à descendre & le suit; ayant la facilité de le faire, vu que la communication de l'alembic avec le haut du cylindre n'est jamais interrompue.

Dès que le piston est descendu jusqu'à près de l'orifice *n*, la coulisse fait fermer le robinet d'injection & ensuite ouvrir le régulateur: la vapeur qui occupe l'espace H *v b* A *c d*, trouvant la communication, au tuyau d'injection, ouverte, y passe, y foule l'eau, l'obligeant à se rendre par le rameau d'évacuation R dans la citerne: de ce tuyau la vapeur entre dans le cylindre où se mettant de nouveau en équilibre avec celle qui est au dessus du piston, ce lui-ci entraîné par le poids des attirails monte; la vapeur qui eſt au deſſus de lui, cédant, vient par les tuyaux *b c d n* remplir l'eſpace qu'il laiſſe deſſous lui : de façon que pendant le jeu d'aſcenſion du piſton la dépenſe de vapeur ne conſiſte qu'en ce qui eſt abſorbé par le refroidiſſement du tuyau d'injection par lequel elle paſſe : ce jeu une fois commencé ſe continue ſans interruption.

Outre la ſupériorité de cette nouvelle diſpoſition ſur les précédentes, il reſtoit encore quelque choſe à déſirer : la vapeur étant obligée de paſſer par le tuyau d'injection pour ſe rendre dans le cylindre, s'abſorboit en grande partie à ſon paſſage par ce tuyau refroidi par l'injection d'eau froide qui s'y répand à chaque impulſion : pour porter la machine à une plus grande perfection, on ſentit qu'il reſtoit à remédier à cet inconvénient : on rechercha d'abord les moyens de faire prendre à la vapeur une autre route; à cet effet on imagina de la conduire dans le cylindre par un tuyau vertical *h i* qui deſcendant le long du cylindre y débouchât en *p* : à cet effet on déplaça le tuyau *c d*, on le mit en *h i*, & au lieu d'être en *d* le régulateur ſe trouva être en *i*.

Ce changement obligea à pluſieurs autres ; 1°. il fallut empêcher la vapeur qui s'introduit ſous le piſton, de communiquer avant le tems au tuyau d'injection; c'eſt à quoi on parvint en plaçant un robinet *o* près de l'embouchure *n* de ce tuyau. 2°. La vapeur ne foulant plus l'eau qui a ſervi à l'injection, il fallut ſonger aux moyens d'évacuer cette eau.

A cet effet, au ſommet du tuyau R on mit une ſoupape *m* qui laiſſa à l'eau d'injection le paſſage libre de *m* vers *q*, mais lui interdit le retour : à ce tuyau on appliqua un piſton *q* ſans ſoupape, qui joua de concert & dans le même ſens que celui des pompes; en outre on lui ajouta d'un côté le petit bout de tuyau *s* garni d'un godet & de ſa ſoupape, deſtiné à remplir d'eau la partie de tuyau *m q* qui eſt entre la ſoupape *m* & le piſton *q*, lorſqu'on veut faire jouer la machine; de l'autre côté on y plaça le tuyau 1 qui ſe diviſe en deux autres 2, 3, dont l'un 2 va nourrir la chaudière, & l'autre 3 conduit le ſuperflu de l'eau d'injection dans la citerne; enfin on mit en *v* une ſoupape qui laiſſe paſſer l'eau du rameau R dans celui 1, mais lui refuſe le retour.

Pour concevoir le jeu de la machine ainſi diſpoſée, ſuppoſons qu'après avoir rempli la chaudière & la cuvette d'injection, on aye, comme à l'ordinaire, allumé le feu, puis ouvert le régulateur ; le piſton de la pompe & auſſi celui d'évacuation étant au bas de leur jeu, l'eau de la chaudière remplira les tuyaux 2, 3 & 1; on remplira l'espace R du rameau d'évacuation en y faisant entrer de l'eau par le godet *s* dont la soupape doit à cet effet être un peu plus élevé que celle *m*. Les robinets *m*, *o* étant fermés : dès que la ventouse donnera au conducteur le signal qu'il est tems de faire jouer la machine, alors d'une main il fermera le régulateur *i*, & de l'autre il lâchera la détente qui ouvrira les deux robinets *m*, *o* en même tems; dès ce moment la vapeur entrera d'un côté *n* dans le tuyau d'injection, en même tems que l'eau y entrera de l'autre pour condenser cette vapeur, ce qui donnera lieu à la descente du piston du cylindre : pendant cette descente, ceux des pompes & du rameau d'évacuation monteront, celui-ci refoulant l'eau qui est dans le rameau d'évacuation la fera passer par les tuyaux 1, 2 & 3.

Le piston du cylindre arrivé au bas de son jeu, la coulisse fermera d'abord les deux robinets *m*, *o* en même tems, puis ouvrira le régulateur *i*, alors le piston du cylindre montera & celui de la pompe & du rameau d'évacuation descendront : lorsque celui-ci descend, n'y ayant ni air ni vapeur dans le tuyau d'injection : l'eau qui s'y trouve n'est sollicitée que par sa pesanteur à suivre le piston évacuateur : comme la direction verticale du rameau R & l'inclinaison du tuyau d'injection vers ce rameau permettent à la force de pesanteur d'opérer, l'eau d'injection suivra le piston d'évacuation dans sa descente, ainsi elle passera par la soupape *m*, & ira remplir le rameau R : pendant ce têms le piston du cylindre sera parvenu au haut de son jeu, la coulisse fermera le régulateur, puis ouvrira les deux robinets *m*, *o* : & la machine continuera à jouer (*o*).

(*o*) Comme il seroit très-avantageux si l'on pouvoit faire des machines à feu sans balancier, vu qu'outre leur dépense, celle de la hauteur & de la solidité qu'ils exigent que l'on donne à la tour, on épargneroit encore la force nécessaire à les mouvoir : nous allons donner une esquisse des moyens d'obtenir ce but.

On approchera toute la machine assez près de la pompe; pour que le cylindre aboutisse directement au dessus de celle-ci & puisse y être, ou suspendu comme à la machine de Savery, ou qu'on puisse le poser sur un plancher ou une voûte bâtie au dessus de cette pompe : ensuite on arrangera les choses de façon que le méchanisme qui a lieu dans le cylindre, devienne l'inverse du précédent : à cet effet du bas où étoit le tuyau d'injection, on le portera au haut du cylindre, de façon qu'il aboutisse au dessous du fond supérieur ; la tige du piston du cylindre ira passer par le fond inférieur pour joindre le piston de la pompe auquelle elle

Les changemens arrivés aux machines à feu, exposés: faisons maintenant voir que la théorie contenue dans la seconde partie, est adaptable à toutes ces différentes dispositions. Pour remplir parfaitement ce but, faisons-en l'application à la dernière qui est la plus parfaite: à cet effet suivons, mais en abrégé, le même ordre que nous avons observé dans la seconde partie; ainsi commençons par les pompes.

---

sera commune: par cet arrangement l'injection se fera au dessus du piston du cylindre, & la vapeur agissant par dessous lui, le soulevera en même tems que celui de la pompe: arrivé au haut de son jeu, la vapeur se remettant en équilibre au dessus & au dessous du piston, le poids des attirails le fera redescendre. Quant à la coulisse nécessaire pour mouvoir les ressorts & détentes, on pourra la faire jouer en se conservant à cet effet, un petit balancier, ou une roue dont un côté sera par une chaîne attaché à la tige du piston & en recevra le mouvement dans un sens, tandis que le poids de la coulisse suspendue de l'autre côté, le lui procurera de l'autre sens.

M'étendre ici sur les détails rélatifs à cet arrangement, ce seroit sortir des bornes que je me suis prescrites: d'ailleurs avec un peu de réflexion toutes personnes douées d'un peu de génie & versées dans les méchaniques, sur-tout celles des machines à feu, seront à même d'appercevoir les modifications rélatives à cette disposition.

Des Pompes.

Pour puiſer l'eau avec le plus grand effet, la tige du piſton de la pompe doit, comme on l'a démontré, être chargée d'un poids exprimé par $\sqrt{Pm} - p$:

Ce principe, étant abſolument indépendant de l'arrangement des parties de ces machines, eſt invariable; la ſeule choſe qu'il y ait à remarquer eſt, qu'à cylindre & corps de pompe égaux, cette expreſſion donne, pour la machine de Savery, une moindre valeur que pour celle que nous venons de décrire : parce que outre les mêmes réſiſtances à vaincre qu'à la machine de Savery, à celle-ci, le poids des attirails a encore à élever le piſton du cylindre, celui du rameau d'évacuation & à y fouler l'eau.

Le poids du piſton évacuateur doit être ſupérieur à celui d'une colonne d'air qui auroit pour baſe celle de ce piſton & pour hauteur celle de l'atmoſphère, parce que quand la condenſation opére le vuide dans le tuyau d'injection, ce piſton n'a d'autre aide que ſon poids pour, dans ſa deſcente, vaincre la preſſion de l'atmoſphère.

Du Cylindre.

Les raiſonnemens qui ont ſervi à déterminer

la proportion que doit avoir le diamètre du cylindre au poids que la machine doit élever, étant indépendants de la nature de la puissance qui agit sur le piston du cylindre, le principe établi à ce sujet est le même pour tous les cas : conséquemment, soit que l'atmosphère agisse sur le piston du cylindre, ou qu'à son action l'on substitue celle de la vapeur, la pression de celle-ci sur ce piston sera toujours soumise au principe établi; ainsi devra être de moitié plus forte que celle nécessaire à l'équilibre.

Si la vapeur doit opérer sur le piston, de façon que parvenu au bas de son jeu il en soit aussi pressé qu'il le seroit par l'atmosphère, les machines qui devront produire des effets égaux devront avoir un cylindre d'un égal diamètre, quelle que soit leur disposition.

De l'Alembic.

La vapeur agit ici sur le piston du cylindre de la même façon qu'elle agit dessous à la machine de Savery; à jeu & diamètre de pistons égaux, le jeu du piston laisse à la vapeur le même espace pour s'étendre dans le cylindre de chacune de ces machines, l'on peut donc y appliquer les mêmes raisonnemens que l'on a exposés dans la théorie à ce sujet; il ne s'agit que de transformer les mots de montée du piston, en descente: réciproquement changer ceux de descente en montée ; ainsi on dira, la force qu'a la vapeur dans l'alembic au moment où le piston descend, est à la force de cette vapeur étendue dans le cylindre, lorsque le piston est au bas de son jeu, en raison inverse des espaces qu'elle occupe : comme le premier, troisième & quatrième terme de cette proportion sont connus, & qu'après être résulté de cette proportion le second doit se faire égal à la pression de l'atmosphère, cela donne la même équation que l'on a trouvé dans la théorie, pour exprimer la capacité de l'alembic.

De la Chaudière.

La vapeur ne souffrant plus de perte lorsqu'elle se porte sous le piston, on économise tout ce que le refroidissement du cylindre & du tuyau d'injection absorboit, & on a besoin de chaudières moindres ; mais de ce que les chaudières doivent être moins grandes dans les machines de cette dernière disposition qu'à celle de Savery, il ne s'ensuit pas que leur diamètre doive se déterminer par des raisonnemens dissemblables à ceux exposés dans la théorie : la marche des opérations reste toujours la même, il n'y a que l'expérience qui doit servir de base qui devient différente; car à la place de la chaudière qu'on a trouvé convenir à une machine de Savery de 44 pouces de diamètre, il faut substituer la grandeur de chaudière que l'expérience montre convenir à ces nouvelles machines, pour un cylindre d'un diamètre donné quelconque; & de ce fait partir pour, en suivant les mêmes raisonnemens, déterminer avec justesse le diamètre des chaudières des machines de quelle grandeur de cylindre elles puissent être (*p*).

(*p*) S'il n'étoit ici question que de déterminer la quantité de vapeur qu'une surface d'eau échauffée à un degré donné, produit dans un tems aussi donné, l'expérience pourroit s'en faire en petit: mais outre la vapeur nécessaire à remplir l'espace qui est dans le cylindre, la chaudière devant encore produire celle qui se perd par la transpiration de l'alembic & des différens tuyaux par où elle passe, pour déterminer la grandeur de chaudière qui dans ce tems donné fournit la vapeur que cette dépense exige, il faut faire l'expérience en grand.

Puisque nous sommes sur le chapitre des expériences, faisons remarquer qu'en fait de machines à feu, les expériences en petit faites sur des modeles, ne peuvent pas faire juger de l'effet de ces machines en grand: à cet effet supposons qu'on aye un modele de machine à

De l'Injection.

Si à cette machine la surface que l'eau injectée présente à la vapeur, est la même qu'à celle de Savery, il est clair que les quantités d'eau injectée devront être les mêmes dans les deux

---

feu bien proportionné, dont le piston aye par exemple 3 pouces de diamètre & 6 de jeu, l'alembic 4 pouces de haut & 12 de diamètre à sa base: si l'on demande que doit signifier ce modele? l'on répondra sans doute, que s'il est parfait il montre en petit ce que la machine fera en grand, & qu'en en construisant une sur une plus grande échelle & sur les mêmes proportions, cette grande machine aura un jeu semblable à celui du modele: or cette réponse n'est point juste, & on va le démontrer.

Faisons sur ce modele une machine en grand, & au lieu de la faire sur une échelle quelconque (ce qui pourroit donner au piston du cylindre un jeu tout à fait disproportionné à celui que la commodité de la construction & divers autres égards ont fixé convenable) pour favoriser les partisans des modeles, consentons à combiner la grandeur de cette échelle, de façon que le jeu du piston de la grande machine ne soit que de 6 pieds: à cet effet prenons une échelle 12 fois plus grande que celle du modele.

Le cylindre aura donc 36 pouces de diamètre, l'alembic 4 pieds de haut, & sa base ou le diamètre de la

cas : or c'eſt à l'expérience à faire connoître quelle eſt la quantité d'eau & quel ſont les diamètres du tuyau d'injection qui ſatisfont à cet objet: ceci reconnu, on tablera ſur ce donné pour (comme nous l'avons fait) déterminer ce qui doit avoir lieu pour toute autre machine d'un cylindre quelconque.

---

chaudière y compris les rebords 12 pieds : ne paſſons pas plus loin, ces dimenſions ſont déjà ſuffiſantes pour prouver que ſi le modele eſt parfait, cette machine en grand ne vaudra rien.

L'eſpace que le piſton laiſſe derrière lui dans le cylindre en cédant à la vapeur qui le preſſe, étant dans les machines ſemblables en raiſon des cubes de dimenſions homologues ; cet eſpace dans la machine en grand, ſera à celui dans la machine en modele, comme le cube de 12 eſt à celui de 1, c'eſt-à-dire comme 1728 : 1.

La machine en grand dépenſant 1728 fois plus de vapeur que celle en modele, pour être auſſi parfaite que celle en modele, la chaudière de cette grande machine devroit donc auſſi produire 1728 fois plus de vapeur que celle du modele, & pour cela il faudroit que les ſurfaces de ces chaudières fuſſent entr'elles en raiſon des cubes des diamètres du cylindre ; mais ces chaudières étant ſemblables ne ſont entr'elles que dans la raiſon des quarrés de leur diamètre, qui eſt ici la même que celle des quarrés du diamètre de leur cylindre ; donc la ſurface de la chaudière de la machine en grand ſera trop petite, d'autant de fois que le quarré de ſon

Des Soupapes, du Réservoir provisionnel & de la Citerne.

Les soupapes ayant à ces machines modernes les mêmes fonctions à remplir qu'à celle de Savery, sont soumises aux mêmes loix : comme il en est de même du réservoir provisionnel & de la citerne ; il s'ensuit que la théorie exposée dans la seconde partie, est générale & convient à toutes les différentes dispositions ci-dessus, moyennant quelques légères modi-

---

diamètre est contenu dans le cube de celui-ci : donc le jeu & la dépense en combustible d'une machine parfaite en petit mene à une fausse conclusion & pour le jeu & pour la dépense en combustible de la machine en grand. Ceci prouve évidemment que pour être parfaites, une machine en petit & une autre en grand ne sauroient être semblables : & que tout jugement fondé sur une similitude est dans ce cas erroné. Ceci auroit également lieu, si ayant une machine en grand parfaite on vouloit en faire une petite en faisant chaque partie de celle-ci la même partie aliquote de celles correspondantes de la grande : le modele seroit défectueux quand à l'effet ; d'où il résulte que dans ce cas un modele ne peut servir qu'à faire voir & l'arrangement & les dimensions de la machine en grand ; mais il ne doit pas jouer, & s'il joue, son effet ne pourra donner une idée analogue de celui de la machine en grand.

fications que ces différences ſuggèrent à toutes perſonnes, tant ſoit peu au fait de l'application des mathématiques & bien inſtruites du méchaniſme des machines à feu (*q*).

Avant d'abandonner ce ſujet, expoſons en abrégé les loix ſuivant leſquelles doivent être proportionnées les parties des machines à feu dont le jeu du piſton & le nombre d'impul-

(*q*) Il eſt encore de ces machines où la partie inférieure du cylindre eſt munie d'un tuyau d'aſpiration, & fait l'office de corps de pompe; le piſton s'y trouve ſouſtrait à l'action immédiate de l'atmoſphère & ſoumis à celle de la vapeur: celle-ci s'y condenſe par deſſus le piſton au moyen d'une injection faite dans le haut du cylindre, ce qui y produit le vuide: celui-ci donne lieu à l'atmoſphère qui preſſe ſur la ſurface extérieure de l'eau dans laquelle le tuyau d'aſpiration plonge, de faire monter cette eau juſque dans la partie inférieure du cylindre d'où elle eſt enſuite foulée par la vapeur: telle eſt à peu près la machine de Papin. On renvoie ceux qui voudront en prendre une connoiſſance plus ample à l'architecture hydraulique de Bélidor, Tom. II, Liv. IV, Chap. III, pag. 328: ne croyant pas devoir s'étendre davantage ſur une diſpoſition ſi défectueuſe; chacun appercevant que l'eau froide & la vapeur occupant alternativement une même partie de cylindre, celui-ci ſe refroidit à chaque impulſion, ce qui abſorbe une très-grande quantité de vapeur: auſſi cette machine produit-elle peu d'effet.

sions sont les mêmes, ce qui fait l'objet de la remarque suivante.

REMARQUE.

Pour être générales, les formules établies dans cette théorie, ayant dû embrasser un jeu & un nombre d'impulsions quelconque, à cause des expressions nécessaires à cette généralité, n'ont pu être réduites à une plus grande simplicité: mais si, d'après ces principes, parvenus à construire une machine à feu parfaite, qui donne un certain nombre d'impulsions & dont le piston aye un certain jeu, on vouloit savoir dans quelles proportions devroient être entre elles les parties de même nom de machines d'une grandeur quelconque, pour qu'elles donnassent le même nombre d'impulsions & que leur piston aye le même jeu; alors le diamètre du corps de pompe une fois fixé rélativement à la quantité d'eau qu'il doit fournir, le poids des attirails déterminé & le diamètre du cylindre assigné suivant les principes établis à ce sujet; les rapports que les autres parties doivent avoir avec le diamètre du cylindre, deviennent extrêmement simples. Car dans ce cas les diamètres des chaudières y compris leur rebord, ceux des tuyaux *b* A, *b i*, *n m*, & R, doivent être entr'eux comme les diamètres des cylindres respectifs : les quantités d'eau injectées doivent être entr'elles en raison des quarrés de ces diamètres : les hauteurs des alembics & profondeurs des chaudières restent immuables & toujours les mêmes (*r*).

(*r*) En effet, en jouant, les pistons de différens diamètres laissent dans leur cylindre des espaces qui ayant la même hauteur, font entr'eux comme les surfaces de ces pistons : pour être remplis de vapeur, ces espaces devant aboutir à des chaudières d'une surface proportionnée à cet effet, celles-ci doivent donc être entr'elles en même raison que les surfaces des pistons des cylindres respectifs ; mais au lieu de ces surfaces on peut prendre le quarré de leur diamètre, & au lieu de ceux-ci les diamètres mêmes ; donc les chaudières doivent avoir entre leur diamètre le même rapport que les cylindres ont entre les leurs. La même chose peut aisément se démontrer pour les tuyaux *b* A, *h i*, dont la longueur étant fixe aussi bien que celle du jeu du piston, leur diamètre devant laisser à la vapeur un passage proportionné au diamètre du piston, doivent conserver le même rapport avec celui-ci.

Quant à l'eau injectée, celle-ci devant être proportionnée à l'espace qu'occupe la vapeur dans le cylindre & cet espace étant proportionné aux quarrés des diamètres des cylindres, la quantité d'eau à injecter devra donc suivre cette proportion.

Enfin pour ce qui est de l'alembic, sa capacité devant toujours être en raison des espaces que la vapeur doit

Dans les machines à feu semblablement disposées, qui ont un même jeu de piston, & qui donnent le même nombre d'impulsions, il y a donc entre le diamètre de leur cylindre & celui des autres parties des rapports tous différens : certaines parties (*s*) ayant au diamètre du cylindre un rapport toujours variable : d'autres (*t*), un rapport constant qui pour quelques-unes d'entr'elles est celui des diamètres (*u*) & pour les autres celui des quarrés ; enfin les restantes (*v*) conservant les mêmes dimensions.

---

occuper dans le cylindre, comme ces espaces ont une hauteur fixe & leur base en raison des surfaces des pistons, les bases des alembics étant entr'elles dans cette raison, leur hauteur devra donc aussi être fixe.

On ne s'arrêtera pas à faire voir que la hauteur du cylindre & la profondeur de la chaudière doivent être fixes, chacun appercevant les raisons qui y obligent.

(*s*) Tels sont les diamètres des pompes & le poids des attirails : les premiers variant selon les différentes hauteurs auxquelles on veut élever l'eau, & ces derniers en raison des résistances à vaincre.

(*t*) Telles sont les chaudières & les tuyaux *b* A, *h i*, *n m*, R.

(*u*) Telles sont les quantités d'eau injectées.

(*v*) Ces dernières sont la hauteur du cylindre, celle de l'alembic, la profondeur de la chaudière & les autres tuyaux.

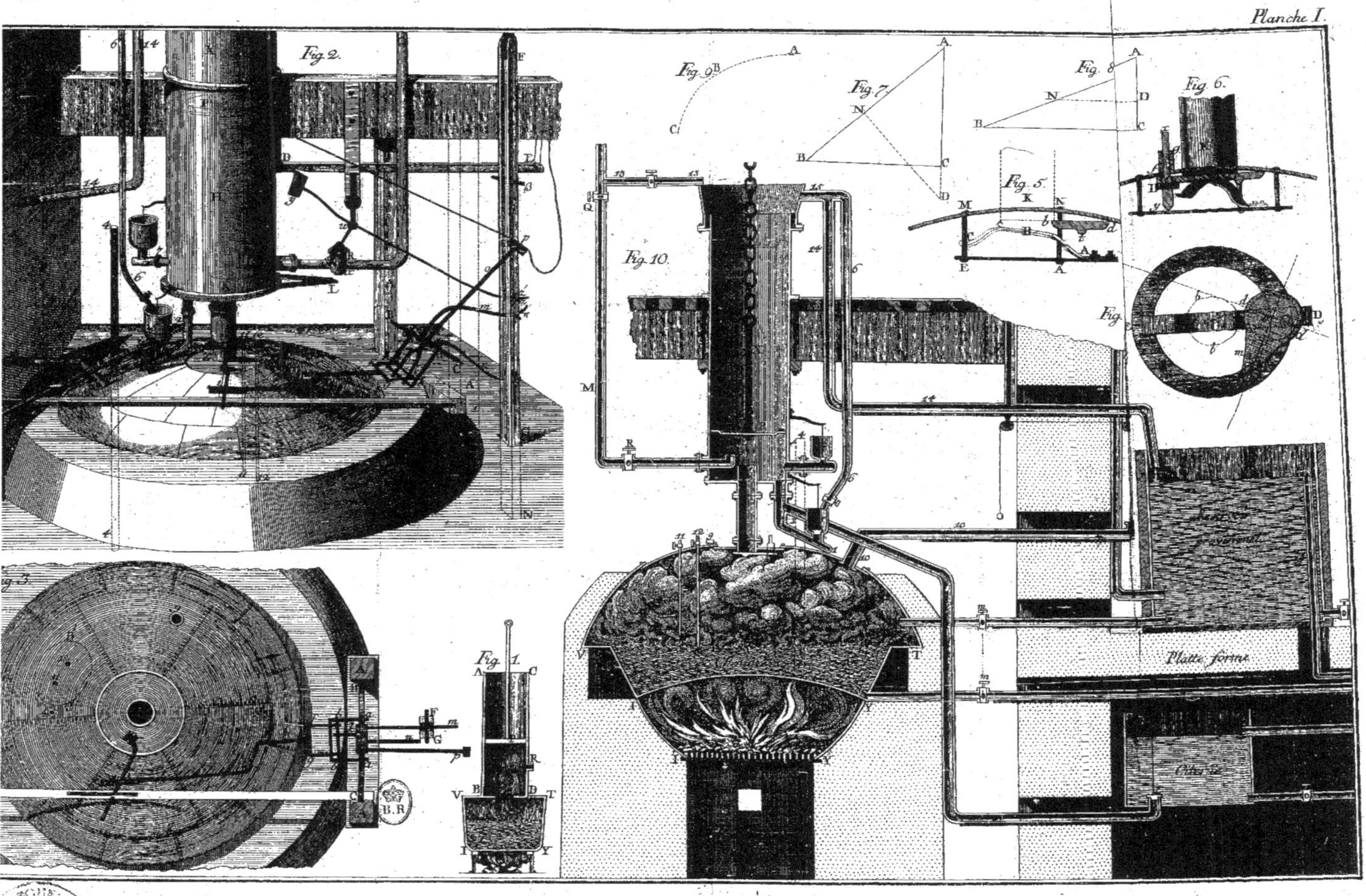
Planche I.
Fig. 2.
Fig. 9.
Fig. 7.
Fig. 8.
Fig. 6.
Fig. 5.
Fig. 10.
Fig. 1.
Platte forme
B.R

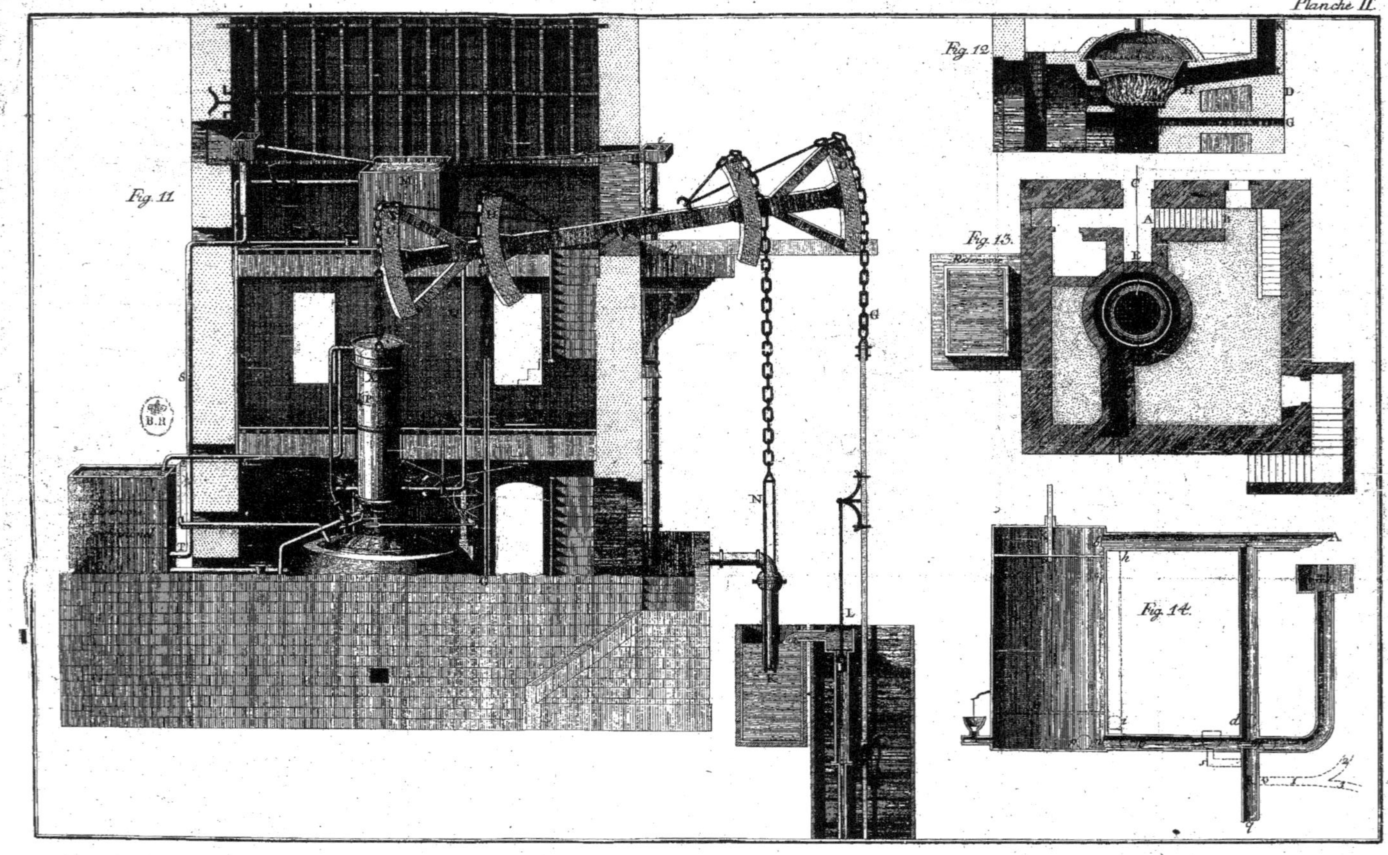
Fig. 11.
Fig. 12.
Fig. 13.
Fig. 14.
Reservoir

Il étoit nécessaire de déterminer ces différens rapports, d'assigner les cas où ils ont lieu : c'est l'objet qu'a rempli la théorie exposée.

FIN.

www.ingramcontent.com/pod-product-compliance
Ingram Content Group UK Ltd.
Pitfield, Milton Keynes, MK11 3LW, UK
UKHW012229240726
13966UKWH00003B/1027